JN225633

||||||軽便機関車誌||||||

国鉄狭軌軽便線

臼 井 茂 信

北上運河鉄橋を渡る仙北軽便鉄道のエイボンサイド（ケ 190 形）

絵葉書所蔵：白土貞夫

草 原 社

EXTRA NARROW GAUGE LINES OF JAPANESE NATIONAL RAILWAYS

by : S. Usui

台湾鉄路管理局台東線の〈蒸機のお別れの会〉が開催されたのは 1968 年 12 月 31 日だった　翌日の 1969 年 1 月 1 日には現役を退いた蒸機たちの花蓮へ向けての回送準備がただちに始まり　台東機務段（機関区）の一群のなかには LCK31 号（旧ケ 200 形ケ 204 号）の姿があった

台東　1969.1.1　写真：宮田寛之

臼井茂信さんの趣味一代記

宮田　寛之

臼井茂信さんは横浜の中心部でお生まれになったことから，横浜市電を通して鉄道に興味を持つようになりました．長じて，同じ市内にお住まいの先輩鉄道ファン，荒井文治さん（のちの横浜国立大学物理学教授）と出会い，車輌写真の撮り方，調査方法などを伝授されたことで鉄道趣味は深まり，その後の臼井さんの撮影を含めた写真技術，車輌調査法の独自性が培われていったようです．

その臼井さんが最初の研究として世に問うたのが，神中鉄道ポーター製Ｄ形タンク機関車1，2号に関することでした．神中鉄道の開業年とポーター製機関車の製造年のかけ離れていることを不思議に思い，その疑問を提示した一文を1934（昭和9）年，雑誌の『鐵道』に「神中鉄道の機関車に就いて」のタイトルで発表されたのです．これは引き続きの調査で，ポーター機は商社の見計らいで輸入され，横浜の三井倉庫でストック品として眠っていたものであるとの事実を突きとめたのでした．この事実を解明できた喜びがきっかけになり，車輌調査の楽しみを心底から自分のものにされていったようです．

そして臼井さんの興味は神中鉄道のポーター機から，新宮鉄道買収機1255形1255号，アメリカ製Ｃ形タンク機に注がれます．これが国鉄の書類ではボールドウイン製とされていたことに，疑問を持たれたのです．そこで，すぐにも現車調査を思い立ったのですが，紀伊半島南端の新宮まで出掛けるのは，当時では遠隔の地であったことから，たやすいことではありませんでした．

ところが1938（昭和13）年11月末，天が味方してくれたのでしょうか，その1255号が突如として流山鉄道に譲渡されてきたのです．まるで臼井さんの身元調査を待ちかねたかのように……．この報を耳にした臼井さんは「チャンス到来！」とばかりに，喜びと期待いっぱいに，流山へ駆けつけました．

お目当ての機関車は組立て中とのことで，撮影ができる状態ではなかったらしく，現車の細部観察にもっぱら目を注いだとのことです．その結果，ボールドウイン機としての特徴はどこにも見出せないなかで，シリンダ上の弁室の蓋に〈PITTSBURGH〉と印刻された文字のあることから，

ピッツバーグ製機関車であるとの思いをますます強められたそうです．

そしてこの機関車については，ことの発端から調査の経緯，結論までをまとめた一編を，西尾克三郎さんが主宰していた〈クラシカル・ロコ・クラブ〉発行の『古典ロコ』誌に「1255探究記」として発表されたのでした．

神中鉄道から流山鉄道へ，この当時の臼井さんはまだ成人を迎える前の16〜19歳のころで，「車輌調査の怪童や！」と，西尾さんをして言わしめたほどの逸材ぶりが，具体的な研究成果の発表をもって広く知れわたることになったのです．そして，流山鉄道1255号機関車解明の経験から，車輌調査は〈現場第一主義〉をモットーとしたフィールドワークの大切さを知ったことで，これは臼井さんの生涯変わることない姿勢として貫かれたのです．

なお，この間の写真撮影ですが，地元横浜をはじめ東京，豊橋，名古屋などの市電とともに，私鉄電車や省線電車も見られるなかで，1936（昭和11）年8月の神中鉄道のポーター製Ｄ形タンク機を皮切りに，地方私鉄の蒸気機関車が被写体の中心になっていったようです．まずは1937（昭和12）年1月に中遠鉄道へ，3月には耶麻軌道へ，9月には栃尾から仙北，岩手軽便を，翌年には流山，常総へと足跡を印しています．そして1939（昭和14）年1月には，荒井文治さんとともに，木曽森林（上松）から赤穂，鞆，中国などの各鉄道をめぐりましたが，この二人旅は翌1940年1月にも見られました．このときは淡路，片上，中国，宇部鉄道を訪れています．そして，さらにこの年8月には満を持していたかのように今度は単独行で，西大寺から九州は豊州，日出生，佐世保，島原鉄道を訪問，アメリカとの戦争に突入する1941（昭和16）年には五日市，鶴見臨港，豊川鉄道を訪問，これを最後に戦争下の苦難な時代を迎えます．

すでに佐世保鉄道訪問では，撮影許可願を管轄の要塞司令部へ事前に申し出て，許可証が交付されてはじめて現地へ．撮影が終れば，後日そのプリントと原板を司令部に提出，機密保護上問題がなければ，「佐世保要塞司令部検閲許可済」と，裏面に押印されたプリントと原板が戻されて

木曽森林鉄道上松にてボールドウイン製17号とともに記念撮影　左が19歳の臼井茂信さん　右は荒井文治さん　　　1939.1.3

くるといった具合だったようです.

　また, この九州行では念願の八幡製鉄所見学も, 撮影は厳禁のもとで許されたとのことでした. そこで黒崎の親戚宅を拠点に, 製鉄所構内に複数回立ち入り, 炎天下で顔をパタパタとあおぐふりして取り出した扇子をメモ帳代わりに, 次から次へと目にする機関車の番号, メーカー名, 形状, 特徴などを, 鉛筆でしきりに書きとどめたという, 苦労話も伝えられています.

　こうして記してきますと, 〈西尾写真〉は国鉄制式機および旧国鉄機を主体とするいっぽうで, 臼井さんの記録は地方鉄道, それも軽便線に力点を置いていたのがおわかりいただけましょう.

　なお, この (1941) 年8月28日の, 高松吉太郎さんとの東京東品川の岩崎輝彌邸訪問は, 臼井さんのもっとも感激極まるできごととなりました. この時, 岩崎さんの特別な計らいで, 明治期に撮影のガラス原板222枚の借出しが許されたのです. そして, ただちに複数ずつのプリントを済ませ, その一部ながらも〈渡辺・岩崎コレクション〉を直接手にできたことで, 「わが国の蒸気機関車形式解明への大きな裏付けになった」と, 臼井さんは後に述懐しています.

　ところで, 1945 (昭和20) 年5月29日は〈横浜空襲〉の日です. 臼井さんの青春時代そのものだった, これまでの撮影記録 (原板, プリントなど) や調査記録の一切がこの日, 灰燼と化してしまったのです. これは臼井さんにとって, どれほどのショックだったでしょうか, 私には計り

知れません. なお, この空襲により一家は横浜を離れ, 千葉市に転居されました.

　しかし, 臼井さんの機関車への熱情はこれにひるむことなく, むしろ戦前より一段と高まったようです. 〈終戦の玉音放送〉がラジオで全国放送されたのは同年8月15日, それから2ヵ月ほど後には, 新しく地元となった千葉市内の, もとの鉄道聯隊兵器補給廠に駆けつけ, 早々と撮影を敢行しています. 戦争の終結を待ち焦がれていたことがうかがわれる, 活動再開の早さです. そして翌1946年には日本鋼管鶴見, 1947年には八幡製鉄所をと, 撮影はまるで堰を切ったように続きます.

　この間に, 西尾克三郎さんのもとにお届けしてあった, 臼井さんが戦前に撮影した機関車写真のプリントすべてが, 西尾さんの厚意で手元に戻されたのは, 臼井さんの活動をさらに元気づけることになったようです. 生前, 臼井さんは, 「自分の作品は信頼する同好の士に広く配っておくべき」とのことを, 口癖のように言われていたのは, こうした自らの体験によるものでした.

　1948 (昭和23) 年には, 金田 茂さんが立ち上げた雑誌『機関車』が刊行されましたが, この編集に臼井さんも参画, 鉄道開業以来の国鉄蒸気機関車全形式の一覧表を, 金田さんの協力のもとに同誌で初めて公表されたのは, まさに画期的なことでした. 1936 (昭和11) 年当時には, 国鉄新旧蒸機の全形式を把握できていたようですが, 各形式に該当の写真の収集, 照合に難渋するなかで, 〈渡辺・岩

崎コレクション〉のプリントを手にした結果，その難問の大部分が解決したとのことです．

こうして，『機関車』誌での一覧表発表を経て，国鉄蒸機の全形式について，各形式別にプロフィールを写真とともに展開する「国鉄蒸気機関車小史」をシリーズとして『鉄道ピクトリアル』誌に掲載されたのは，1953（昭和28）年5月でした．これが20回に及ぶタンク機関車編の連載を経て，新たにテンダ機関車編を加えた単行本が1956（昭和31）年に刊行されたのです．

各形式紹介のなかで，「筆者が訪ねた当時も，だいぶ原形の損なわれた姿でしたが，今も健在なことが伝えられています」との，フィールドワークを投影した臼井さんのリアルな語り口が，読む者をぜひ現車に会ってみたいとの思いに駆り立てさせたものです．私も同書の一文に誘われて，古典機関車めぐりに目覚めた一人でした．

そして，西尾・臼井お二人が共著の『日本の蒸気機関車』が1960（昭和35）年，鉄道図書刊行会から刊行されました．機関車の形式写真集としては，質，内容とともに，これまでになかった豪華本です．事前予約とした限定本らしい，当時としては鮮明な印刷仕上りで，保存用の箱に納められているのも，〈愛蔵本〉そのものでした．

翌1961年6月には『鉄道ファン』誌が創刊され，名鉄パノラマカーの鮮やかなカラーと，ざん新なデザインの表紙に，当時のファンは魅了されました．しかし私には，本文中に展開される臼井さん執筆の「写真で見る機関車の系譜図」に引き寄せられたのです．臼井さんのプリントによる〈渡辺・岩崎コレクション〉の，明治の機関車がページいっぱいにレイアウトされ，軽妙洒脱な解説が添えられているのです．このシリーズを毎号どれだけ楽しみにしたことでしょう．しかし，わが国のメーカー展開までには及ばず，尻切れの状態で終ってしまったのが残念でした．

ところで，臼井さんと私の初対面ですが，上武鉄道のピッツバーグ機7号がひく混合列車の客車内でのことでした．これは1963（昭和38）年8月と記憶しております．そして，この年11月には東武鉄道業平橋構内の廃車蒸機群の撮影にご一緒させていただいたのです．当時の臼井さんは学者然とした雰囲気で，メガネ越しの鋭い目つきがとても印象的でした．

それがお会いする回数を重ね，とくに西尾克三郎さんの呼び掛けの集いのなかでお酒を交わすうちに，臼井さんはお酒を愛し，パイプたばこを嗜好する方だということも知り，がぜん親しさを覚えたのです．そして臼井さんは，若い人たちに目を注ぎ後身を育てる西尾さんに触発されたのでしょう，自らも胸襟を開かれ，若い世代の中に飛び込んできてくれました．

私が学生時代を終えて1年半後の1967（昭和42）年11月，臼井さんからの電話を受けますと，「宮田君を『鉄道ファン』誌の編集部員に推薦したい！これは西尾さんとの共同推薦である」とのことでした．「さて，これは一大事！」と，覚悟を決めるには少々時間を要したのですが，翌年5月に鉄道ファン編集部の一員となったのです．

編集部員になって間もなく，私を支援くださる西尾さんの厚意から，『記録写真蒸気機関車』の交友社での刊行が決定，編集の黒岩保美さんの補佐役として，私も作業の一端に加わりました．これには黒岩さんの全精力が注がれましたので，未曾有の大冊，豪華本として完成すると，各方面から注目され，大好評を博したのです．

この間，臼井さんは『日本蒸気機関車形式図集成』2巻分（発行：誠文堂新光社）のまとめに没頭されていました．本書は『小史』に続く国鉄機全形式の展開で，形式図はこのために一律トレスをしなおすといった念の入りようで，諸元表と的確な解説が添えられているのは，類書のない〈蒸気機関車ガイドブック〉といったところです．その1巻目の刊行目途が付いた1968（昭和43）年8月，本業の水工学に関する調査で台湾を旅行されました．この折に阿里山森林鉄道，鉄路局台東線，基隆炭礦などを訪ねられ，臼井さんならではのカメラアイで蒸気機関車を丹念に記録しております．

ところで臼井さん愛用のカメラですが，ガラス乾板の組立暗箱が戦後しばらくの主力でしたが，私がお会いした当時は，二眼レフの〈ローライフレックス〉を使用しておりました．それが，広田尚敬さんや私が使用する二眼レフのマミヤC形の，とくにレンズ交換ができる点に注目され，180mmレンズの望遠効果に惚れ込んでしまわれたのです．これを手にして以来，がぜん臼井さんの行動は広がりました．雪の函館線C62，狩勝峠，塩狩峠，そして釜石の富士製鉄専用線，肥薩線大畑ループ，常磐線C62 "ゆうづる" などに多くの傑作を残し，また機関車の正面はこの望遠でとらえるのを常としていました．この撮ってよし！調べてよし！の活躍ぶりを，〈文武両道の臼井さん〉と称えたのは黒岩保美さんです．

1971（昭和46）年春だったかに，私の提案でスタートした『機関車の系譜図』刊行の話が，交友社と臼井さんの間で本決まりとなりました．ファン誌創刊号での感激が忘れられず，私の手で何とか単行本にしたいといった願いが実現に向かった瞬間でした．

このプランが決定して間もなく，ファン誌編集部が主催する〈ヨーロッパ汽車の旅〉に臼井さんも参加，スイスやオーストリアではラック式蒸気機関車を熱心に観察，撮影されました．この旅行も先の台湾とともに，『系譜図』まとめの大きな力となったように，私には思えるのです．

旅行を終えると，この本のための写真集めが開始されましたが，掲載する写真については，ネガや原板から臼井さんが自分の手で新たにプリントするといった，妥協を許さない心意気は最後まで変わることはありませんでした．こうして本書に収録された写真は900枚に及びますが，そのうちの90%以上が著者みずからのプリントいう，驚異的なものになったのです．

また記述においては，国内メーカー編までに及ぶと，お得意のフィールドワーク，現場調査主義が発揮され，とく

に町工場のような中小メーカーについては，全国的な訪問を成し遂げ，思わぬ成果を上げることになったのでした．そして，その一つ一つの成果を得るたびに私と杯を重ね，その一部始終を満足気に報告されたのです．

こうして『系譜図』は，臼井さんの蒸気機関車研究と写真技術の集大成となって，7年ほどの歳月を要して完結に至りました．1978（昭和53）年12月のことでした．

それからファン誌上でのグラフ作品などの展開を中心に，しばらくの充電期間を経て，〈やり残し〉の感を強めていた〈ケ〉形機関車の全貌を掘り起こす「国鉄狭軌軽便線」のまとめに着手されました．これについても現場訪問を徹底し，路線跡の探索は該当する鉄道のほとんどに及んだのです．とくに岩手軽便や佐世保鉄道では，定点撮影などもこころみるほどの念の入れようでした．またこのシリーズでは，西尾さんから戻された戦前のオリジナルプリントが大いに生かされました．いや，プリントがなかったら，このシリーズの実現はおぼつかなかったかも知れません．

先の『系譜図』の編集でもそうだったのですが，このシリーズでもいつも臼井さん同席のもとの，マンツーマンの形で1ページ1ページのまとめを進めるといった具合でした．このやり方は，『回想の旅客車』の星 晃さんも同様で，ページ，ページにまつわるいろいろな思い出話やエピソードなどをその都度お聞かせくださったことも，私にとってはまことに尊い経験となったのです．

ところで，臼井さんは前述の台湾旅行の折に，鉄路局台東線の台東機務段（機関区）でコッペル製と思しきC形タンク機LCK31号を撮影されていますが，このシリーズを進めているうちに，本機はケ200形の成れの果てではないかとの予感を抱かれたのです．幸い現車は廃車後，台東線沿線の公園に保存との報がありましたので，ここで臼井さんの現場第一主義が発揮されました．

訪問以来の親交が続く台東線花蓮機務段長，蕭 登福さんが臼井さんの願いを聞いてくださり，現車調査に出向いてくれたのです．そしてクロスヘッドに前歴を示す刻印を発見，その拓本が臼井さんのもとに届けられ，これによってLCK31号は鉄道院ケ200形ケ204号であることが判明したのでした．まさに日台友好のフィールドワークが功を奏したのです．

こうして軽便線シリーズをやり終えた臼井さんは，蒸気機関車研究に大きな区切りを付けたとの思いを強くされたのでしょう．以後，臼井さんの興味は蒸気機関車から鉄道施設へ，とくに遺跡，遺産に目が注がれるようになりました．碓氷峠のラックレールやれんが橋，駅ホームのれんが造りのランプ小屋，駅跨線橋の鋳鉄製柱などの調査に出向くこともたびたびでした．そして，旧新橋駅発掘調査現場の見学や，武豊線亀崎駅駅舎の最古説の検証にも及び，これらの成果は単発的ながらも雑誌上で発表され，晩年の活動を飾っています．

そして，臼井さんの雑誌上で最後の活躍となったのが，『鉄道ファン』誌で5回にわたり連載された「青梅電気鉄

浜松市児童会館のケ91号を前に解説される臼井さん　聞き入っているのは湯口　徹さん　1984.12　写真：名取紀之

道を偲ぶ」でした．これには臼井さんを慕う若き後輩の皆さんがフィールドワークを応援，青梅線の施設調査をはじめ，沿線に散在する石灰採掘の専用線や，多摩川の砂利運搬線の位置を確認し，痕跡なども明らかにしています．

この連載は1993（平成5）年のことでしたが，臼井さんは翌1994年3月に倒れられ，11月4日にお亡くなりになりました．齢75でした．病床の臼井さんには，奥さまがいつも寄り添っておられたのが印象的でしたが，臼井さんがこのように趣味に没頭できたのも，奥さまあってのこととの思いを，この時あらためて強く感じ入ったしだいです．

その臼井さんが逝ってちょうど25年目を迎える今年2019年は，〈臼井さんの生誕100年〉，そして〈令和〉の新しい御代に変わった記念すべき年であります．この年に，草原社の花井正弘さんが先の鉄道聯隊の単行本に引き続き，「国鉄狭軌軽便線」のシリーズを再編集の上で単行本化したいとの願いをお聞きし，「これは臼井さんの最後の希望を叶えるものである！」との思いから，私も全面的な協力をお約束したのでした．

最晩年の臼井さんが，「狭軌軽便線シリーズを何とか単行本にできないものか……」との希望を私にもらされたことがありましたが，それが今，花井さんによって実現されようとしているのです．

2019年7月10日記

（鉄道ファン名誉編集長）

目 次

形式ケ 90 ケ 91 号　　　　　　　　　　浜松市児童会館　1964.9.13　写真：諸河 久

国鉄狭軌軽便線①

臼 井 茂 信

形式ケ90 ケ90号　　　　　中部鉄道学園　1983.8.10　写真：臼井茂信

〔1〕狭軌軽便鉄道のあらまし

〔1.1〕軽便ゲージ〈2′6″〉の発祥

わが国における 2′6″（762mm）軌間の狭軌軽便鉄道は、1888（明治21）年10月28日、小林信近の創意で松山—三津浜間 6.3km を開業した伊予鉄道にはじまる。一般的には漱石の〈坊っちゃん〉の汽車といった方がわかりが早い。いっぽう、カタイことになるが、当時の私設鉄道条例（明治20年5月8日勅令第12号）の第7条によると、「軌道ノ幅員ハ特許ヲ得タル者ヲ除クノ外総テ3呎6吋トス」とあり、当然伊予鉄道は特別な許可を受けたことになる。しかし実際に免許を得た 1886（明治19）年12月28日の時点では、まだこの条例ははなく、愛媛県知事を通じ鉄道局長官に許可を求めた。もちろん命令書にしたがって建設と運営を行う形態であったとはいえ、当時は出願と許可の基準は制定されておらず、実施は難航した。

また、これより前、藤田傳三郎などによって発起され、1884（明治17）年5月23日に難波—堺間の免許を受けた軌間 2′9″（838mm）の阪堺鉄道もこのカテゴリーに入った。しかし阪堺のそれは、いわば工部省鉱山寮釜石鉱山の転用品で発足した鉄道であり、1897（明治30）年に普通軌間の 3′6″ に改軌され、わが国ではまったくこの軌間の鉄道は消滅した。いずれにしてもこの二つの鉄道は、私設鉄道条例公布以前からの異例な存在であったのである。

小林信近が伊予鉄道を興した動機は、1884（明治17）年ごろの『内務省報告』により、外国における地方運輸機関であるライトレイルウエイの存在を知ったことと、彼が上京して調査中に、横浜在住のもとお雇外国人であったイギリス人のジョン・ダイアック（John Diack）から軽便鉄道の効用と設計の教示を受けたからである。話が脇道にはいるが、ダイアックは 1876（明治9）年はやくも任期満ちて退職している。しかし 1900（明治33）年に没するまで横浜に住み、一時はコンサルタントをしていたらしい。退職後の他の業績はあまり明確ではなく、1883（明治16）年に渋沢栄一等が企画した日光鉄道（日本鉄道日光線）の設計が、彼の手によるものであった。ということを『日本国有鉄道百年史第2巻』で知れる程度である。

なにはともあれ、日本の狭軌軽便鉄道の標準軌間となった 2′6″ は、ダイアックが小林信近に与えたサジェスチョンのひとつといえると、私は思う。それ以後出現した摂津、青梅、道後、南予、上野、龍ケ崎……等々一般営業用の狭軌軽便鉄道は、千葉県営鉄道多古・八街線の 600mm 軌間を除いては、全部 2′6″ が採用されて行く[*1]。

とくに注目すべきは、伊予鉄道に次ぐ、当時はまだ自家用鉄道であった住友別子鉱山鉄道の例であろう。この鉄道は九州鉄道会社の顧問技師であったドイツ人のルムショッテル（Hermann Rumschöttel）が全面的に設計している。

[*1] 千葉県営鉄道のドイツ式 600mm 軌間は、鉄道聯隊の施設・器材を引継いだためである。軌道条例（明治23年8月23日法律第71号）による広義の鉄道には、英米式の 3′（914mm）軌間を採用した例が、福岡・佐賀・熊本県下に限られて存在した（筑後、朝倉、その他数社）。岡山県の西大寺鉄道の 3′ 軌間は異例で、最初軌道条例で発足し、のちに軽便鉄道法に変更された。

わが国最初の 2′6″ 軌間の機関車（伊予鉄道のクラウス）　　　　　　写真：渡辺・岩崎コレクション

図 1　蒸気動力による狭軌軽便鉄道・軌道営業キロ
　　　　〔民営1907〜1919年〕　　（鉄道統計資料より作成）

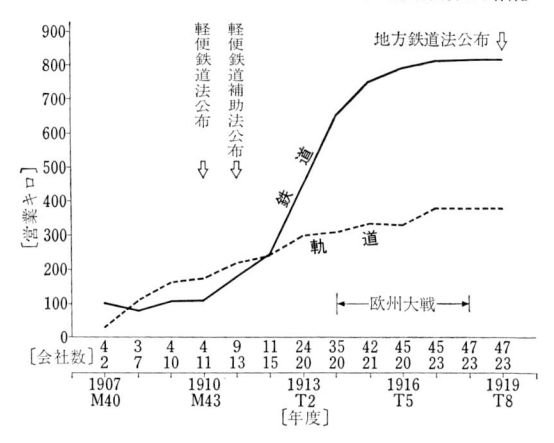

〔備考〕　①会社数の上段は軽便鉄道法による会社数．下段は軌道条例による会社数．②機車両数が安定した大正 6 年度の例をとれば，総計約 340 両（51：49％の比率）で，営業キロに対し後者の方が多い．軌道は列車単位が小で運転回数が多かったためである．

そして法的制約も少なく，地理的にも孤立した存在であったにかかわらず，ドイツの狭軌標準軌間の主力とされる750mmを採用しなかったことである．郷に入りては郷に従ったのだろうか，イギリス流儀の 2′6″ を選んでいる．もっとも 750mm と 2′6″ ではその差わずかに 12mm であり，施工の段階で後者に決定したことも考えられようが，とにかく伊予鉄道の 2′6″ 軌間の影響力は強く，日本の軽便ゲージは早期に確立したとしてよいであろう．

〔1.2〕軽便鉄道法の公布と〈二六の軽便〉

　蒸気動力による狭軌軽便鉄道は，明治 40 年度現在で，鉄道会社数 4 社，軌道会社数 2 社，総営業キロは約 130km である．1888（明治 21）年の伊予鉄道の出現からみて，意外に鉄道会社数の少ないのは，軌間拡張と会社合併によることが主因をなしている．しかし間接的にはそのころの法規は私設鉄道法（明治 33 年 3 月 16 日法律第 64 号）に変わっており，同法施行規則（明治 33 年 8 月 10 日逓信省令第 27 号）では軌間の種類は規制していないまでも，いろいろな条件と手続きが厳しく煩雑で，新設し難いことも原因していた．なにしろ私設鉄道法は 97 条よりなり，同法施行規則は 64 条というぼう大な条項であった．

　1907（明治 40）年ごろから数年間を狭軌軽便鉄道の揺籃期とすれば，図 1 でおわかりのように，狭軌軌道の方が順調な線で伸び，狭軌鉄道は後述の軽便鉄道法公布によって，堰を切った水のごとく上昇している．狭軌鉄道と同軌道の営業キロにおける同数点は，明治 45 年度で，各々230 余 km を示し，以後〈鉄道〉は〈軌道〉を圧倒して行く．しかしながら，第 1 次世界大戦の末期から互いに頭打ちとなった．新設の〈軽便〉は昭和時代まで続くものの，広い意味でこの時期から民営の軽便は衰退の兆候が見える．いっぽう，主要軽便は政府買収により，一時的ながら国鉄狭軌軽便線として，花を咲かせるようになる．

　話が戻るが，さきに述べたように狭軌軽便鉄道が急速に

台頭したのは，軽便鉄道法（明治 43 年法律第 57 号）の公布が引金となった．これは 8 条の簡単なものである．また付随する同法施行規則（明治 43 年 8 月 2 日閣令第 12 号）も 28 条しかない．それよりも鉄道起業者にとって魅力的だったのは，軽便鉄道補助法（明治 44 年 3 月 21 日法律第 17 号）といえよう．その第 1 条に曰く「軽便鉄道ニ於テ毎営業年度ニ於ケル益金力建設費ニ対シ 1 年 5 分ノ割合ニ達セサルトキハ政府ハ該鉄道ノ営業開始ノ日ヨリ 5 年ニ限リ其不足額ヲ補給スルコトヲ得（後略）」とあり，第 2 条で「補助ヲ為スヘキ軽便鉄道ハ 2 呎 6 吋以上ノ軌間ヲ有スルモノニ限ル」としている．2′6″ とした根拠は既存の狭軌の標準を採ったからで，仮に 750mm が多数存在していたら指定も変わったに違いない．

　いずれにしても軽便鉄道法は，鉄道国有化の完了後における局地鉄道対策として考えられ，地方の小鉄道（軌間には関係ない）建設を促進助成するためのものであった．したがって大資本家でなくとも，地方の素封家，豪農，商人，政治家などが中心になって投資し，鉄道を興す例がじつに多かった．そのため資本的にも，のちの経営にも無難な軌間 2′6″ の狭軌採択が続出するようになった．〈二六の軽便〉は鉄道趣味者から見れば感動すべき情景ぞろいといえるが，会社の屋台骨がしっかりしたもは僅少であったことは否めず，ほとんどがバスの進出で自滅の道をたどったといっても過言ではない．

　ところが，国には鉄道敷設法（明治 25 年 6 月 21 日法律第 4 号，のち数次にわたり改正）があり，その予定線に該当する鉄道は，建設予定の段階で買収するのが通例であった．したがって，さきに述べたように改軌まで国鉄狭軌軽便線の役割を演じた幸運な〈二六の軽便〉もあったわけである．

　軽便鉄道法は民営だけに適用されたのではなく，国鉄も明治 44 年度からこれにもとづいて建設を開始している．この特徴は本線の規格を必要としない支線で，法的には鉄道敷設法によることなく，路線を決定できることにあった．もちろん国鉄の場合は軌間は 3′6″ で，具体的には盲腸線として知られた東北の黒石線（のちの弘南鉄道黒石線），関東の真岡線（現在の真岡鐵道），山陰の倉吉線などで代表される．国鉄軽便線の建設はその簡便さがわざわいして，政治路線の原形を形成したともいわれているが，技術的には国有鉄道簡易線建設規程（昭和 7 年 5 月 27 日鉄道省令第 8 号）の基と考えて大過ないと思う．

　ところで，国鉄軽便線は全部軌間 3′6″ で建設されたわけではなく，北海道の湧別線のみ 2″6″ を採用した異例がある．当然新規に国鉄自ら建設した営業路線では，後にも先にも唯ひとつで，稀有な史実を残した．これが国鉄狭軌軽便線のはじまりである．そしてその歴史を継ぐものが，国鉄直轄工事における工事用専用線と，買収した民営の〈二六の軽便〉ということになる．

〔1.3〕国鉄狭軌軽便線の消長

　国鉄が営業した狭軌軽便線は，トータルにおいて生え抜きの湧別線を筆頭に 14 路線を記録する．このうち買収線

図 2 国鉄狭軌軽便線の存続期間と機関車の盛衰

（鉄道統計資料・統計年報・公報等により作成）

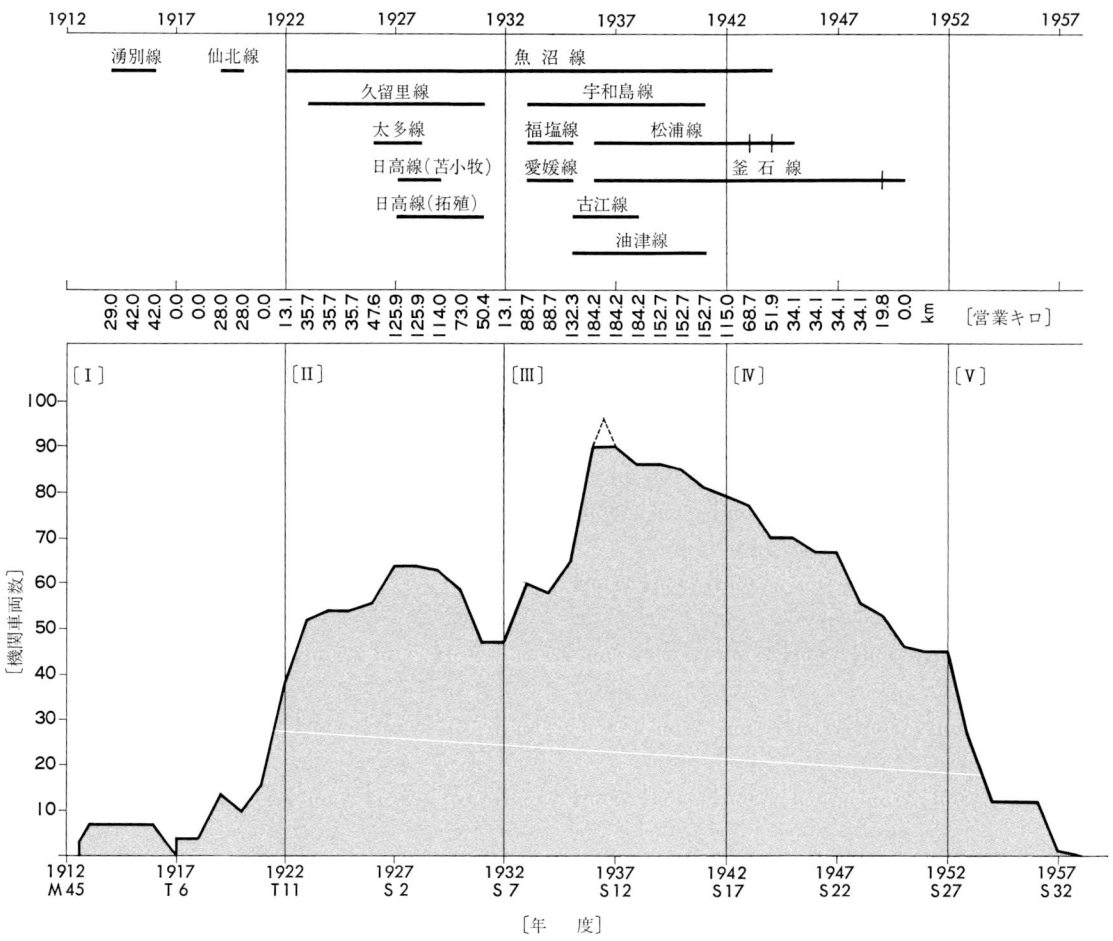

〔備考〕 ①国鉄の建設・改良・電気事務所およびのちの施設局等の所属軽便線中，蒸気機関車使用は，大正6（1917）年から昭和33（1958）年度まで．②湧別線は現在石北本線・名寄本線の一部．仙北線は現在石巻線の一部．宇和島線は現在予土線の一部．愛媛線は現在予讃本線の一部と内子線．古江線は現在大隅線の一部．油津線は志布志線の一部を経て，現在は日南線の一部．松浦線は世知原・臼ノ浦・柚木の支線を含む．③機関車両数には，制式の工事用機関車（ケ形式を有するもの）を含む．このほか電気6両（1933〜35年）と内燃2両（1935〜41年）があったが，表には入れていない．④工作局台帳に登録されず，土木機械扱の機関車も除外した．

は仙北軽便鉄道（→仙北線），魚沼鉄道（→魚沼線），東濃鉄道初代（→太多線），苫小牧軽便鉄道（→日高線），日高拓殖鉄道（→日高線），宇和島鉄道（→宇和島線），両備鉄道（→福塩南線），愛媛鉄道（→愛媛線），大隅鉄道（→古江西線），宮崎県営鉄道・軌道（→油津線），岩手軽便鉄道（→釜石線）および佐世保鉄道（→松浦線・世知原線・臼ノ浦・柚木線）の12線で，無償移管は千葉県営鉄道久留里線1線であった．このほか大日本軌道小田原支社線を買収しているが，新たに軌道組合が組織され，貸し与え運営をまかせ，国有民営の形態をとったため，国鉄線からは除外されている．

図2は国鉄狭軌軽便線の存続期間と，その機関車の盛衰を示したものである．これによって全体の流れを大別し，仮称を付すならば，次の5期に区分できる．つまりI創始期，II第1次私鉄買収期，III第2次私鉄買収期，IV衰退期，V工事用線残存期となる．そして10年ごとの変動を鮮やかに発揮して，半世紀の一生を閉じていることが知れ

るであろう．

買収線の改軌は概して速やかで，狭軌も期間は各線区とも長くはない．ただ重要路線ではないものと，戦時中の買収線は，工事が遅れ長く存続したことがいえる．特異なのは魚沼線で22年間も温存されながらも，結局は改軌もならず廃止である．とはいうものの，国鉄軽便線の火をたやさなかった役目を果たしたことは尊い．なお，戦後の魚沼線は別途に新設された線区である．

つぎに大別した時期の特色をみると，第I期は営業キロが零の年度がある．これは次章以降で述べるが，第1回目は湧別線，第2回目は仙北線の改軌完了のためである．ただ機関車は1917（大正6）年に一度零となるが，ただちに工事用に転用されたため復活し，なおかつ，工事用軽便機関車の増備により，営業キロに関連なく，機関車両数は増加の途をたどる．

第II期は五つの鉄道が編入になる．とくに苫小牧軽便・日高拓殖の登場で営業キロを伸ばす．第III期に移行する時

点で改軌終了．わずかに魚沼線の存在で〈軽便〉の命をつなぐ．機関車の増加はほとんどが建設用で，減少は買収機の廃車である．

第Ⅲ期のはじめは準戦時体制下で，買収線も7線におよび，営業キロも機関車両数も急上昇である．前者は岩手軽便鉄道，後者は佐世保鉄道の編入の影響が甚大であった．とくに昭和11～13年度は，国鉄狭軌軽便線の全盛期といえる．営業キロは184.2kmにも達したので，東京―静岡間と対等の距離という勘定になる．蒸気機関車の保有両数のピークは96両で，1936（昭和11）年10月～1937（昭和12）年2月の或る月に達したはずである．しかし年度末統計では，昭和11，12両年度90両を最高としている．

第Ⅳ期はわが国全般が苦境に陥ったときで，軽便線もジリ貧の態を露呈している．営業キロは一部改軌未完の松浦線と釜石線で保ち，機関車両数は工事用の貯蓄ががなりありることが読みとれる．

第Ⅴ期はつるべ落としで〈軽便の終焉〉を告げる．営業線はすでに第Ⅳ期末に消えたが，機関車だけがわずかに線増工事と発電所の材料運搬用として残された．最後に廃車された機関車はケ92形である．湧別線でスタートした最初の軽便機関車はケ200形．ともに〈コッペル〉である．コッペルに始まり，コッペルに終った国鉄狭軌軽便線は，〈軽便冥利〉につきるといえよう．

〔2〕国鉄最初の狭軌軽便線

〔2.1〕鉄道院湧別線

湧別軽便線は前章で述べた軽便鉄道法に基づき，野付牛（現在の北見）から下生田原（現在の安国）を経て，下湧別に至る間を建設した線区である．元来，北海道内の鉄道建設に関しては，北海道鉄道敷設法（明治29年5月14日法律第93号，大正元年までに2回改正）が公布されていた．そしてその第2条第6項に「天塩国奈与呂（名寄）ヨリ北見国網走ニ至ル鉄道」という敷設予定の条項があり，これに従う場合は湧別線の一部は重複することになった．しかしながら，当時としては財政上幹線として着工する見込はなかったのである．しかしいっぽうでは，開拓上敷設は一日も早く，とする声が高まったため，鉄道部内の選定で自由になる（予算だけが帝国議会の承認を得る）軽便鉄道法を適用し，網走線（池田―野付牛―網走）の支線として建設されることになった．

ところが，この工事も野付牛から留辺蘂までは，3′6″の鉄道院標準軌間で建設されたが，財政上の逼迫を理由に，これから先は軌間2′6″，最急勾配25‰，最急曲線はR160m，軌条は22.5および25キロの狭軌軽便線となった．そして機関車は留辺蘂に置かれた．軌道敷設は狭軌であったが，トンネル断面寸法や主要橋梁などは，後日の改軌を想定し，3′6″軌間の規格により建設している．最大の難工事は常呂郡と紋別郡の境界に位置する常紋トンネル（506.9m）であった．タコ部屋でいたましくも多くの犠牲者をだしたことで知られ，幽霊ばなしさえ伝え残る．『日本鉄道請負業史明治篇』（鉄道建設業協会，1967年）によ

れば，荒井組（荒井初太郎）が元請で，明治45年6月東西両口より着工し，大正元年12月貫通，1913（大正2）年10月竣工としている．小池喜孝『常紋トンネル』（朝日新聞社，1977年）は，これを題材としたドキュメンタリー小説である．

話が脱線したが，2′6″と3′6″規格の混成方式は，台湾の〈台東線方式〉に倣っている．台湾といえば，北海道建設事務所の所長は，台湾総督府鉄道部の技師であった稲垣兵太郎で，彼は1909（明治42）年2月鉄道院に迎え入れられ，1915（大正4）年6月までこの要職にあった．つまり湧別線の計画から建設までの最高責任者であったわけである．

湧別線の留辺蘂以遠を軌道だけ2′6″の狭軌で建設する案は，かなり早期に決定したといえる．というのは，野付牛―留辺蘂間の起工が1912（明治45）年3月で，開業が同年（日本歴は大正に改元）11月であるのにもかかわらず，同年7月10日付達665号をもってはやくも「北海道2呎6吋軽便鉄道車輌定規」を鉄道公報に発表していることである（図3）．つまり留辺蘂まで開通もしない時点で，文書上ではあるが〈狭軌軽便〉が登場する．また湧別線用に発注した機関車は，ドイツにおいて1912年8月に完成しており，財政窮乏とはいえ，器材の調達の手廻しの早いことには喫驚せざるを得ないのである．

狭軌軽便車輌については，大正2年5月13日達372号において「機関車ニ在リテハ型式称号及番号ニ『ケ』ヲ，客貨車ニ在リテハ記号及型式称号ニ4輪車ハ『ケ』，ボギー車ハ『ケホ』ヲ冠ス」と，型式称号の点まで取り決めている．ただし番号の例示はあるが，形式数字の体系根拠は明らかにされていない．

図3　北海道2呎6吋軽便鉄道車両・建築定規

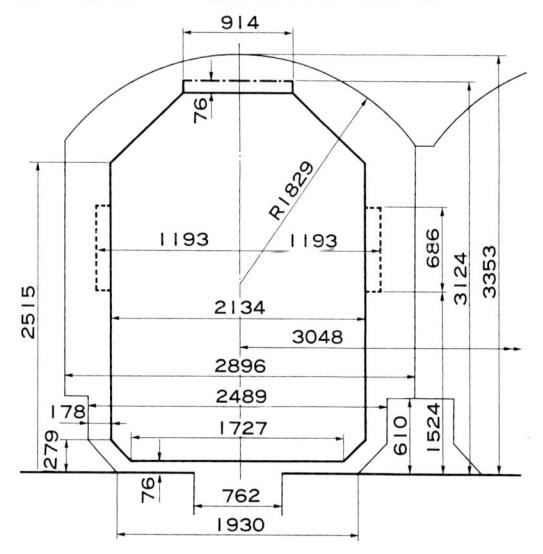

上部の鎖線は機関車の煙突にのみ適用．両側の点線は円板および側燈の限界を示す．明治45年7月10日鉄道公報達665号および同11日付訂正版より作成．原典の寸法単位は呎吋であるがmmに換算．

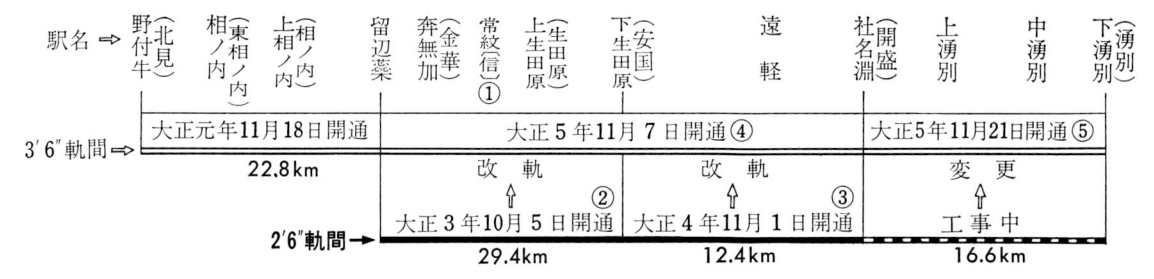

〔備考〕 駅名中カッコ内は現在名
①達 891 号　大正 3 年10月 1 日　開設大正 3 年10月 5 日　②鉄道院告示第83号　大正 3 年10月 1 日　③鉄道院告示第81号　大正 4 年10月26日　④鉄道院告示第59号　大正 5 年11月 6 日　⑤鉄道院告示第62号　大正 5 年11月17日

図 4　湧別軽便線開業状況図　　　　（鉄道公報より作成）

図 5　湧別線線路略図

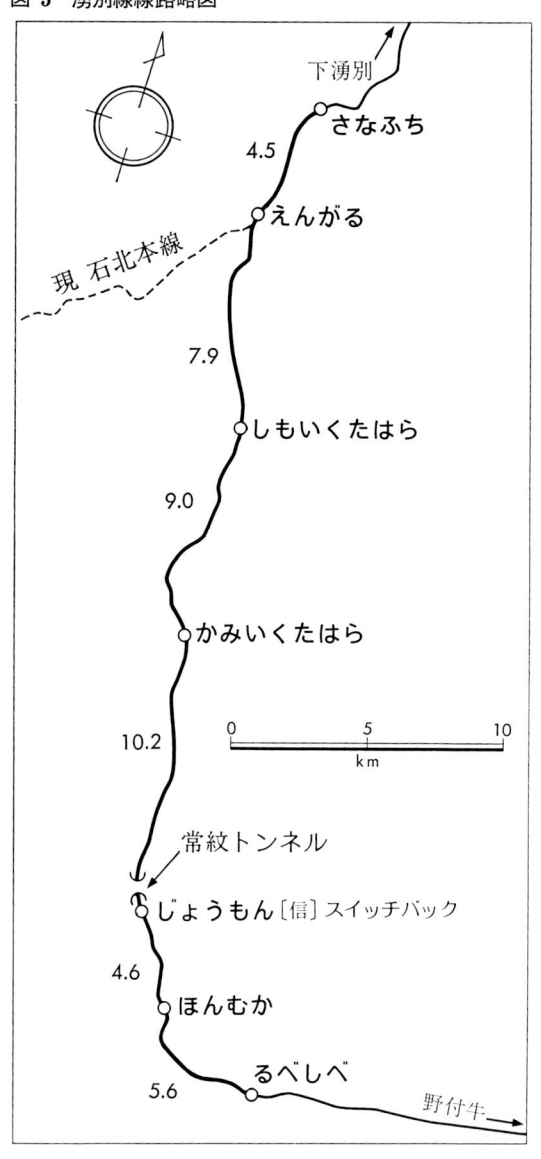

　変則的な建設ではじまった湧別線は，全通以前に 2′6″ 区間を 3′6″ 軌間に改軌するという，これまた異例な反転があった．理由はそれまで名寄―網走間の幹線鉄道は，当分起工の見込なしとしていたにもかかわらず，大正 4 年度に至り，急に 2 年後からこの幹線に着手することが議会で決したからである．つまり湧別線はその一部に編入されるわけであった．そのため，留辺蘂における連絡貨物の積替その他の不便を解消するため，早めの改軌工事が要請された．総体的に工事の状況が複雑であり，文章ではわかりにくいため図 4 を作成した．

　湧別軽便線は全通前に改軌などあったため，会計検査院は大正 4 年度歳出歳入決算報告書において，建設費の節約は僅少であり，余分な支出を指摘し問題となった．とくに，将来幹線の一部となるべき線区を狭軌化して，車輌などの不要物件を生じたことなどを不当とした．これに対し鉄道院は，弁明書中において会計検査院の報告を是認した．と『日本鉄道史下巻』に記載はあるが，軌間を 2′6″ としたこと（発案，承認者）などにはまったく触れていない．いまとなっては解明は困難である．

　会計検査院の俎上にのぼったのは，あまりにも改軌の時期が早かったからと思う．名寄線の具体化がもっと遅れ，狭軌軽便時代が長かったなら，問題にならなかったはずである．軽便車輌は国鉄直轄の工事用や民営鉄道に転用され，かなり有効に活用された．大きな目で見れば，あながち損失だったとは断言できないであろう．

〔2.2〕ケ200形

　国鉄最初の軽便機関車は，ベルリン郊外に工場のあったオレンシュタイン・ウント・コッペル（Orenstein und Koppel）社製である．製造番号 5804～5810 の 7 両が同じ仲間である．1912 年 8 月の製造であるから，邦歴ではかろうじて大正生まれとなった．当時この社の正式名は上記にアーサー（アルトゥル）・コッペル（Arthur Koppel）を併記したので，国鉄では製造所名をアーサー・コッペルと記録している．

　国鉄がコッペル社から機関車を買ったのはこれが唯一の例である．輸入の手続その他は当時東京の八重洲にあったオット・ライメルス社（支配人はマーチン・ブリューメ

ル）が引き受けているが，機関車の検査はそのころドイツに在った鉄道院技師朝倉希一である．彼は 1912 年 7 月マッファイ工場において 4100 形の竣工を確認し，ミュンヘンからベルリンに向っている．そして 10 月にここから帰

形式ケ200　ケ203号　　　　　　　　　　　　　　　　　　　　　　　　　　　来迎寺　1937.9.6　写真：臼井茂信

国の途についた．したがってコッペル機の日本到着は，4100形とあまり違わなかったはずである．

　来着したコッペル機の種類は，固定軸距1800ミリ・タイプで，機関車重量15.4t．通称80HPのC形タンクである．当時の軽便機関車として日本では最大級でもあった．この系列の機関車はのちに多くの民間鉄道で採用されたが，2′6″ゲージより3′6″ゲージの鉄道に多かったことか

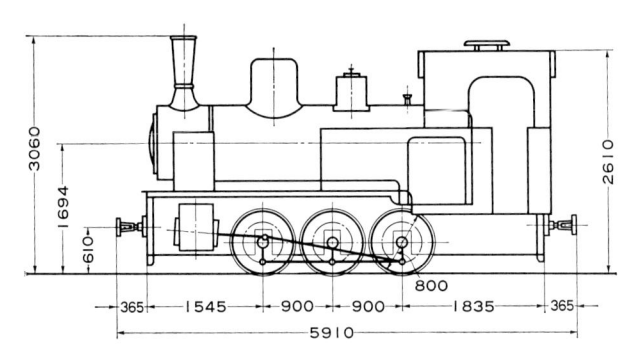

形式ケ200　形式図〔コッペル製15.5ｔ〕
シリンダ260×400mm，使用圧力12.0kg/cm²，火格子面積0.53m²，伝熱面積27.5m²，シリンダ引張力〔Zc〕2433～3244kg（0.6～0.8p）動輪直径はコッペル社の組立図では800mm，国鉄昭和11年版形式図では（812mm）．Zcは前者による計算値．最大幅1803mm．

らも裏付けできる．外観はコッペルの典型で，個有の特徴はキャブ正面の小判形の窓が，八の字形に配置され，俗に〈犬鳴きコッペル〉の異名もあった．

　形式番号の命名は，大正2年5月23日達372号で，ケ200形，ケ200～ケ206号とされた．しかし前節で記したように，〈200〉の根拠は明確でない．当時国鉄は軽便機関車をまったく保有しておらず，規程もないままに漠然と命名したとしか思えない．強いてよりどころを，その後に増備した他の機関車の命名法から探ると，200を基本としてこれより小形は200以下，大形は以上，とする案だったと想像される．そして最初に増備したB形は100を基本形式にして，同じように上下に展開させた．したがっていつしか，100代にはB形とC形が共存し，150がその境界になるという面白い現象を呈した．

　さて，話を戻すと，ドイツから到着した機関車は全部旭川工場で組立を終え，2回にわたって留辺藥に配属された．第1回目は大正2年5月1日付達331号によりケ200～ケ202号の3両．第2回目は同年7月16日付達595号でケ203～ケ206号の4両であった．留辺藥から社名淵まで開業当時は41.8kmで，1日2往復の混合運転であった．常紋を中心に20～25‰の連続勾配のため重連運用を実施していたとはいえ，機関車両数は余剰気味だったと思

鉄道院湧別線ケ200形のひく列車　　　　　　　　　　　　　　　　遠軽停車場　絵葉書所蔵：花井正弘

図 6　丹那トンネル東口軽便線略図　　起点の和田磯荷揚場は，現在の渚小公園で，Ωカーブを画く
ところは天神町・上天神町バス停周辺にあたる．終点は円形建築で知られた西熱海ホテル北側の下付近になる．
〔距離標〕 M＝マイル：1609m，C＝チェーン：20.1m，L＝リンク：0.2m（80C＝1M）.

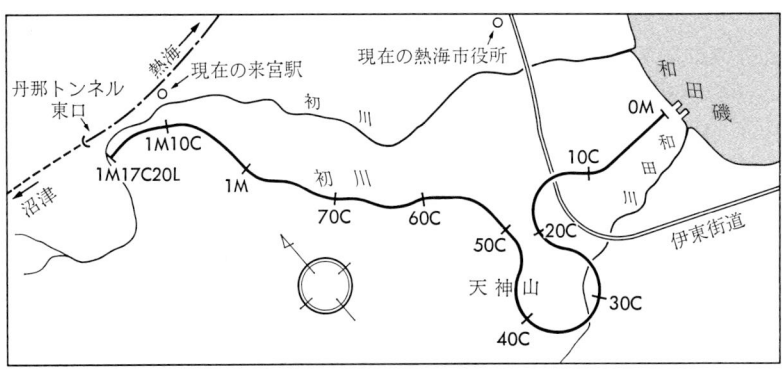

図 7　丹那トンネル西口軽便線略図　　大竹発電所跡周辺は，現在函南駅前の町並になっている．他
はあまり変化はなく，来光川に沿った地域は依然として水田である．

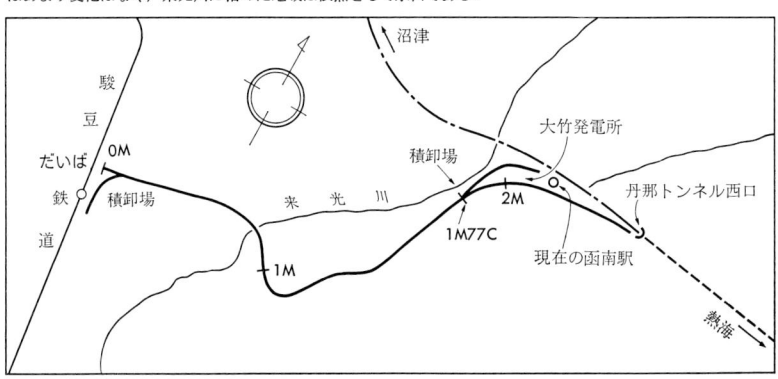

16

う，ただし配属年月日からみて，当初は建設用にも使用され，社名淵—下湧別間の工事も残っていたので，適量だったとする見解もある．

〔2.3〕ケ200～ケ203号の再起

湧別線の改軌が意外に早く実現し，ケ200形は開業以来わずか2年1ヵ月にして使命を終ってしまった．見通しの甘さより，根源は政治家の翻弄を感じとれる．そして3ヵ月後の大正6年1月11日には，総裁達11号によって7両一斉に「廃車トシ車輛台帳ヨリ削除ス」の宣告を受けた．ところが5ヵ月後に，今度は7月18日付達660号をもって，突如ケ200～ケ203号の4両を土運車40両，無蓋貨車10両とともに，熱海線建設事務所に配置換えの指令が出された．事実上の車籍復活宣言である．いうまでもなく，かの有名な丹那トンネルの工事に出向する辞令でもあった．ただ面白いことに再使用開始年月日が，大正6年1月12日，つまり廃車の翌日にさかのぼって記録されている．ということは，湧別線改軌後はあまり休むこともなく，熱海線建設事務所に送られたことになる．辞令より先行し赴任したかたちだが，それにしても手続上の変則がはなはだしい．

丹那トンネルの掘削工事開始は，1918（大正7）年から

である．しかしそれ以前にトンネル東口（熱海側）と西口（大竹側）に工事用材料の運搬を目的に，軽便ゲージによる本格的な専用鉄道が建設されていた．『丹那隧道工事誌』（鉄道省熱海建設事務所，1936年）によれば，東口は1916（大正5）年7月に線路選定の承認を得て11月に着工，大正7年7月5日竣工となっている．線路は熱海の和田磯海岸の荷揚場に起こりトンネル東口に至る1.95kmで軌条は25キロが使用された．最急勾配は35.7‰，最急曲線R80mという急峻なもので，天神山ではΩカーブを描き，短距離で高低差70mを征服した．したがってミニ山岳鉄道の景観は満点だったはずである（図6）．

西口の軽便線も上記『工事誌』によれば，1916（大正5）年3月に線路選定の承認を得，同年8月に起工し，大正7年7月14日に完成したと記している．線路は駿豆鉄道（現在の伊豆箱根鉄道）の大場駅からトンネル西口までと，1920（大正9）年6月に大竹発電所の設置により敷設された分岐線とがあった．線路延長は4.03km，軌条は20および25キロが使用された．最急勾配は25‰，最急曲線はR160mであったので，東口より緩和された線で，大竹付近を除いてほとんど田の中を走る状態であった（図7）．

さて，熱海線建設に配属されたケ200形は，ケ201・ケ

生田原川を渡る鉄道院湧別線ケ200形
絵葉書所蔵：三宅俊彦

203号が東口，ケ200・ケ202号が西口にわかれた．配分は各々2両という取り決めだけで，番号の連続性などは考慮しなかったと思う．東口の2両は1925（大正14）年3月，湯河原—熱海間の本線開通まで活躍した．当然和田磯からの荷上げの必要がなくなったからである．諸施設は大正14年11月に撤去された．

　西口の軽便線は，輸送量の増大をはかるため，1922（大正11）年11月全線にわたり，駿豆鉄道と直通できる3′6″軌間に改軌してしまった．大正12，13両年度の局別機関車配置表では，熱海線建設にケ200形が4両在籍している．しかし西口配属の2両は東口に移し，輸送量を強化したか，それとも西口に使用休止のまま残したかは不明である．そして大正14年度の配置表では，熱海線建設2両，盛岡建設2両と分離し，翌大正15年度では熱海は皆無となる．具体的にいえば，東口個有のケ201号は東京鉄道局，ケ203号は仙台鉄道局に転属（前者は久留里線，後者は魚沼線）になり，西口のケ200，ケ202号は盛岡建設事務所に転属している．

　しかし不可解なことには，上記の通達を書類上でみると，機関車番号が重複しているのである．つまり大正14年9月17日達733号の熱海線建設事務所→盛岡建設事務所の配属通達も，大正15年8月13日達647号の熱海線建設事務所→東京鉄道局・仙台鉄道局の所属変更も，機関車番号の指示はいずれもケ201，ケ203号であり，残りのケ200，ケ202号（西口）が無視されている．けれどいっぽうでは，ケ200，ケ202号がのち清水トンネル北口の建設用軽便線で活躍した事実は明白である．久留里線・魚沼線の機関車番号もケ201，ケ203号と確認されているので，大正14年の達733号における機関車番号は間違いと断定できる．清水トンネル北口軽便線の2両は，公報の達では，見当らないが，盛岡建設事務所からの転属と思う．

　いずれにしても，これらケ200形4両は，湧別線での淡い夢破れたりといえど，8年2ヶ月もの間，丹那トンネル建設用の資材運搬に活躍したのである．かつて会計検査院から〈不要物件〉となじられた機関車も，汚名は挽回した．いや，栄誉に輝くところまで走りつづける．

〔2.4〕ケ204号の発見

　この機関車の廃車年月日は前節で記したように，ケ200形全部共通の大正6年1月11日付達11号である．一度廃車され車籍削除になっているので，これをもって姿を消す前提には違いない．しかし当時の〈廃車〉は，スクラップ・アイアンとはちょっとニュアンスを異にしていたことはたしかである．というのも，ケ204号だけは杳として行方がわからなかったが，実際には前節のケ200〜ケ203号と後節のケ205，ケ206号の再起が明確になっていたからである．ケ204号については著者も多くの文献を渉猟し，私鉄を訪ね歩いたが徒労に終り，一時解体説をとったこともあった．ところが近年になって，私の推定上のターゲットとする機関車から，コッペル社の製造番号〈5808〉の刻印採取に成功し，確証を得たのである．推理小説でないので結論を先に書けば，台湾鉄路局台東線のLCK31号がまぎれもなく，もと鉄道院ケ204号であったのである．いまは廃車となっているが，喜ぶべきことに，花蓮郊外の光隆企業公司（大理石加工工場）の構内に展示されている．

　話を進める前に，鉄道院時代の廃車処理について少々考えてみる必要があろう．当時は民間鉄道に機関車を払下げる場合，一般に《譲渡のため車籍削除する》という形態をとっていた．《車籍削除したから譲渡する》ではなかったようである．これは当時の『鉄道公報』などの文面からも判断がつくことである．したがって『公報』・『年報』・『鉄道統計資料』などのいずれかに譲渡先が明記されている．

ところがケ204〜ケ206号の3両にかぎり，譲渡先の記録に欠けている——実際には次節で述べるようにこの時点で，少なくとも2両の譲渡先は決定していた——これはおそらく〈軽便〉であったがゆえに等閑に付され，文面通りの廃車宣告であり，スクラップの払下げで処理された，と私は考えている．

　さて，主題に内容を転ずると，再起したケ204号は，一筋縄では説明がつき難い代物といえる．つまり鉄道院から直接台湾総督府鉄道部に譲渡した機関車ではないことである．台湾に送る途次，日本車輛会社あたりで修繕をしたと考えられる点もあるが，その件は別として，台湾でのスタートは，台東製糖会社の専用鉄道であった．

　この会社は安場末喜，丸田治太郎等によって，1913（大正2）年に設立され，台東を中心に広く蔗園（さとうきび畑）を経営した．そして本社は卑南に，製糖工場を馬蘭に設置した．代表者の安場は，日本鉄道の創設の功労者として名が高く，北海道庁長官になった安場保和の養子に当り，後述の台東開拓会社の社長も兼ねていた．また丸田は台東線全通以前の交通機関として，水尾（瑞穂）—卑南間約100kmの手押台車軌道を経営し，台湾製糖会社にも関与した人であった．

　この台東製糖会社の鉄道は，はじめは営業線をもたずに，専用線のみで1917（大正6）年に発足した．当時の線路は5線区で開業線17.4km，未開業線76.9km，機関車はわずか2両であった．その後，新開園線を完成させ1919

台湾鉄路管理局台東線 LCK30形 LCK31号　蒸汽機関車圖　　　　　　　　　　　　　提供：洪 致文

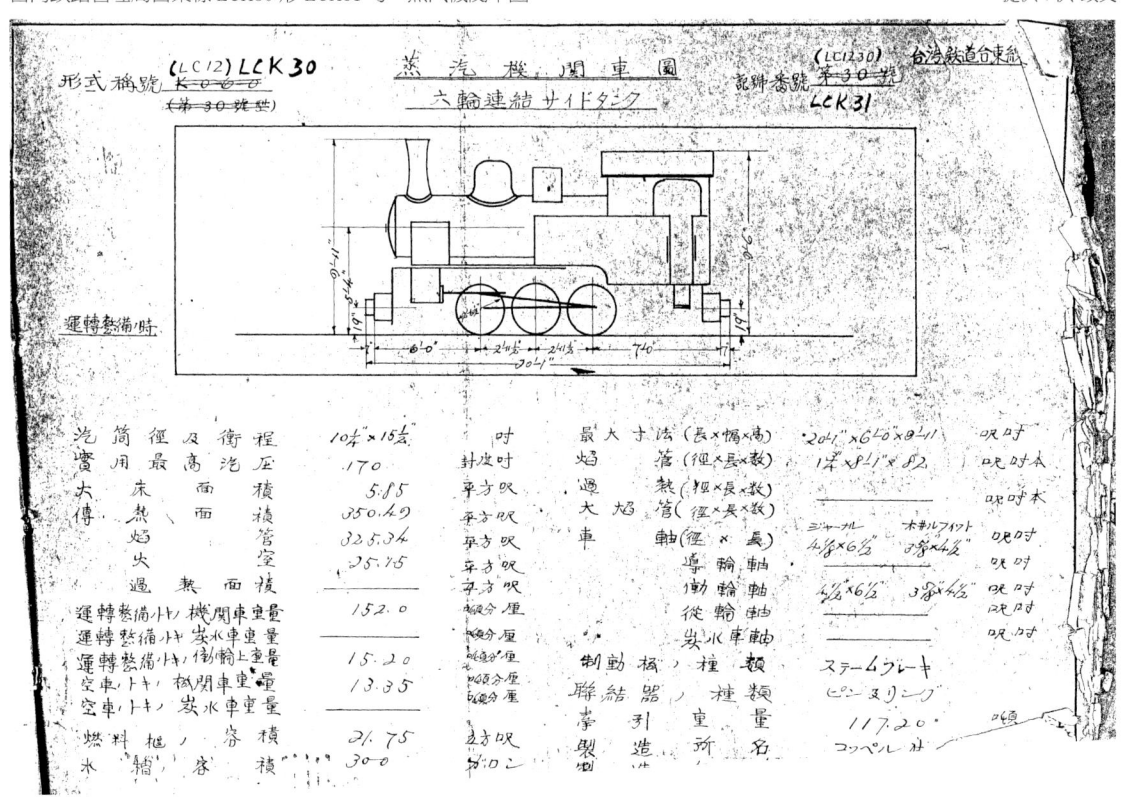

台湾鉄路管理局台東線 LCK31 号の輝くとき　　　　　　　　　　　　　　　　台東　1968.8　写真：臼井茂信

台湾鉄路管理局台東線 LCK31 号（旧鉄道院ケ 204 号）製造銘板はいつしか脱落し　運転室や水タンクは　昔日のおもかげ
をまったく失ったが　シンボルの煙突や足回りには変化がない　水タンク容量増大改造のため　ボイラ逆止弁を避けるよう
にしたタンクの形状がおもしろい　　　　　　　　　　　　　　　　　　　　　　台東　1968.8　写真：臼井茂信

台湾鉄路管理局台東線 LCK31 号　すでにメインロッドが外されている

台東　1969.1.1　写真：宮田寛之

製造番号の刻印を発見したクロスヘッドの位置

▼　ケ 204 号を証明するコッペル社の製番〈5808〉の拓本〔原寸大〕L は左側，R は右側部品の意　写真／拓本採拓：蕭　登福

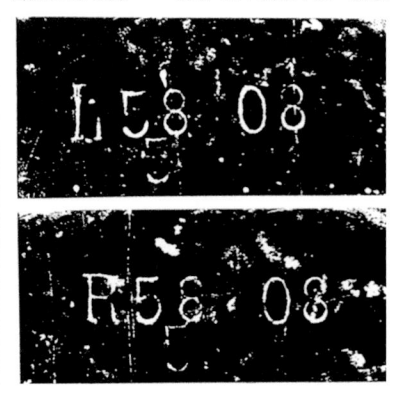

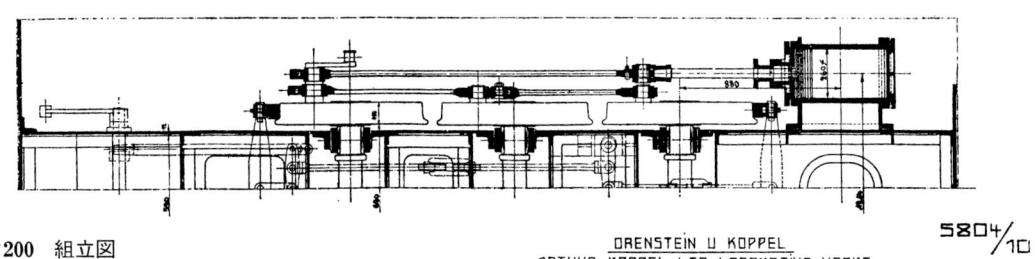

形式ケ200　組立図
（この図面では80HPと記入されているが，コッペル社のカタログ分類では，90PS形に入れている）

（大正8）年12月16日に，台東—里壠（関山）間43.4km
を営業線に変更した．ケ204号は他の異形式C形2両と
ともに，この線区に配置されたのである．ケ204号が台東
製糖に増備されたのは，大正7年ごろと推定され，機関車
番号は定かでないが，3号相当機と考えられる．

　台東線の建設は花蓮側から着工し，台東側は台東製糖会
社の新開園線，台東—里壠—池上〔里壠—池上間は未完
成，線名とした新開園（錦園）は通過せず，新武呂—池上
経由に変更〕を1922（大正11）年4月に総督府によって
買収．同月20日台東—里壠間を台東南線として営業を開

ORENSTEIN U KOPPEL
ARTHUR KOPPEL LTD. LOCOMOTIVE WORKS
DREWITZ BERLIN.

5804/10

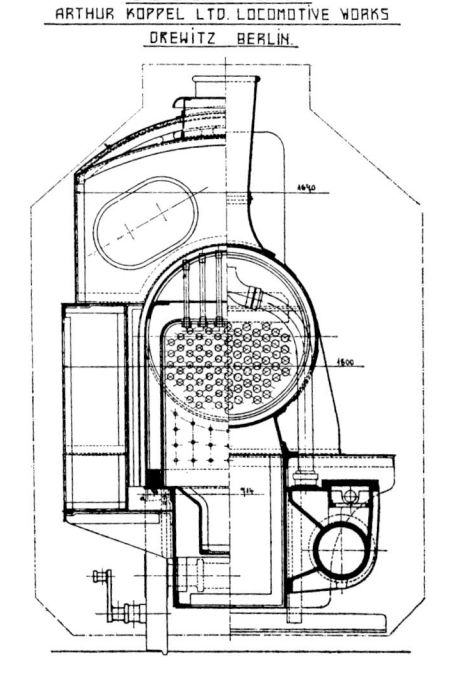

LOCOMOTIVE · 80HP.

台湾鉄路管理局台東線 LCK31 号　保存状態はあまり良くない

光隆博物館　2010.12.1　写真：洪 致文

始した（4月18日鉄道部公示第69号）．このため機関車
も当然引継がれたが，付録付きで専用線用の3両も引継い
でいる．ただ台東製糖会社そのものは存続したので，数年
後自社増備するまで，機関車による運転管理は総督府線が
引受けたらしい．また新開園線は買収の時点での所有者名
義は，台東製糖と同一資本系の台東拓殖株式会社，または

台東開拓株式会社であった[2]．

　総督府の台東線に編入になったこの機関車は，種別を
AK0-6-0とされ，L30形32号となった．その後1928（昭
和3）年，1937（昭和12）年，そして中華民国後と3回に
わたり改称があった．目まぐるしい変化は，L30形30号
→LC12形 LC121号 →LCK30形 LCK31号 である．この
間，時期は不明ながらかなりの改造が実施され，水タンク
と運転室は原形の面影がまったくなくなった．とくに，ケ
200形の特徴とする正面八の字形の窓，当世ふうにいえば
パンダの眼がない．しかし詳細に観察すると，煙突，端梁
の輪郭，足回りは損なわれていない．一見してケ200形と
見破れなくなった主因は，水タンクの変容と，特有の小判
形の窓を全部失ったからといえる．

　かつて日本の企業家は，台東線の廃車機関車群を多量に

▲ 特徴ある煙突や端梁
の輪郭に今も原形を残す
LCK31号　　 2010.12.1
　　　 写真：洪 致文

図 8　LCK31号の所在
　　案内略図

23

買入れ，レジャー施設に再度活用の準備をすすめていたようだ．なかなか結構なことである．しかし著者としてみれば，買物が上手だったとはいえない——もっとも，LCK31号がわが国鉄道史上価値ある機関車とは，鉄路局も知らず，この拙稿が初公表なので無理もないが——とにかく得難き記念物を帰国させるチャンスを逸した．しかし，京浜間最初の機関車〈エイボンサイド〉もそうであるが，台湾なればこそ逢えることもできよう．これらの機関車が樺太に眠らなかっただけでも幸運である．

〔2.5〕ケ205，ケ206号の譲渡

この2両の行方が判明したのは，『鉄道院文書』に収録された草津軽便鉄道（のちの草軽電気鉄道）の機関車譲受使用許可申請書と，これに対する許可の控であった．著者の調査はかなり以前で，すでに「草軽のけむり」（鉄道ピクトリアル108号，1960年）に発表したが，今回は新たに書き改めた．

草津軽便鉄道が払下げを申し出た理由は，小瀬一吾妻間19.3kmの線路延長を挙げている．そして対象機関車をケ205，ケ206号と指定した．もちろん書類提出までに当局と事前交渉が何度かあり，機関車番号などを定めたはずである．鉄道院からの認可は大正6年7月12日監1429号であった．ここで注目すべきは日付で，ケ200〜ケ203号が車籍復活し，熱海線建設事務所に転属命令を発した前日に当ることである．偶然とは思えず，鉄道院は大正6年7月中旬に，ケ200形の整理処分を急いで一斉に行ったことがうかがえる．

こうなると，払下げのイニシアチブは，草津軽便鉄道の方ではなく，鉄道院の呼び掛けに会社が応じたようにも勘繰りたくもなる．だいたいケ200形は軽便では大形に属し，草津軽便鉄道の規格にはやや大きい．この鉄道では軸重5t，固定軸距5′6″（1676mm）程度が限度であった．譲受使用申請書提出の際，会社側から事前に改修事項を添えてあったことも，監督局側の事前の示唆が強く働いていた

感もある．改良すべき点は，緩衝連結器高さを下げ，これにともなう端梁関係の改造（本稿では寸法数値省略）と，機関車動輪のフランジを削ることを挙げている．これだけの工作なら機関車自体の問題で解決するが，これとは別にケ200形入線のためにポイントとクロッシングにおける，フランジ・ウエイと護輪軌条の間隔を1/4″（6.4mm）拡大する工事の申請書を提出している．実際に施工したのかどうかは確認していないが，これは全線各所におよぶ工事で，フランジの削正だけでは済まなかったのだろうか．このへんの事情はわかりかねる．

それはとにかく，ケ205，ケ206号は3，4号と改称されて草津軽便の機関車となった．しかしながらわずか6ヵ月にして，当時の北海道製鉄輪西工場（のちの富士製鉄室蘭製鉄所）に譲渡してしまったのである（大正7年1月14日監14号認可）．結局，草津軽便では一応試用してみたものの，この線区では使いきれずに持て余し，売却を決したのだと思う．

北海道製鉄では3′6″軌間用に改造，連結器は自連と交換するなど，もはや〈軽便〉の資格を失った．この社で使用開始された当時の機関車番号は4，5号で，小熊米雄さんの実見では，製造番号が機関車番号と順序が逆であった由である．つまりF. No.5810：ケ206号→草津4はそのまま，F. No.5809：ケ205号→草津3を5号としたのではないか，というご意見である．またケ200形は草津軽便での在籍期間がきわめて短く，北海道とんぼ返りを演じているところから，現車は動かず，図面の検討と書類上の操作と

---

*2) 〈拓殖〉か〈開拓〉か2説の理由は，基本文献である『台湾総督府鉄道部第24年報，大正11年度』に同一内容の記述にかかわらず，第1章と第3章で，会社名を異にしているからである．ちなみに『台湾鉄道ノ概況』（台湾総督府，1938年，外部秘）では台東開拓株式会社とし，民間版の渡辺慶之進『台湾鉄道読本』（春秋社，1939年）では台湾拓殖株式会社としている．いずれが正しいか，2社とも関係があったかは不明である．

ケ205　ケ206号の譲受申請とその認可書類（鉄道院文書）

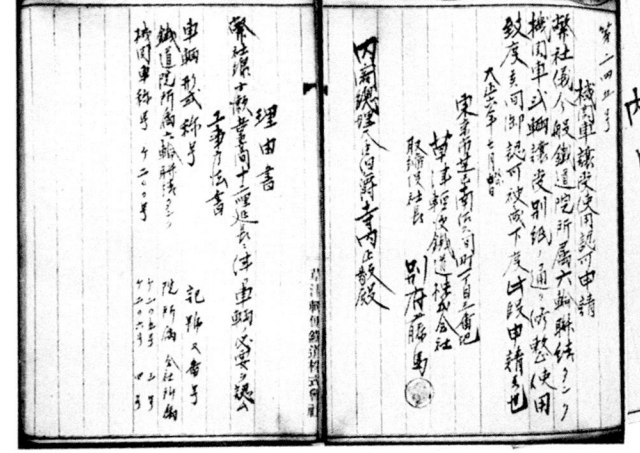
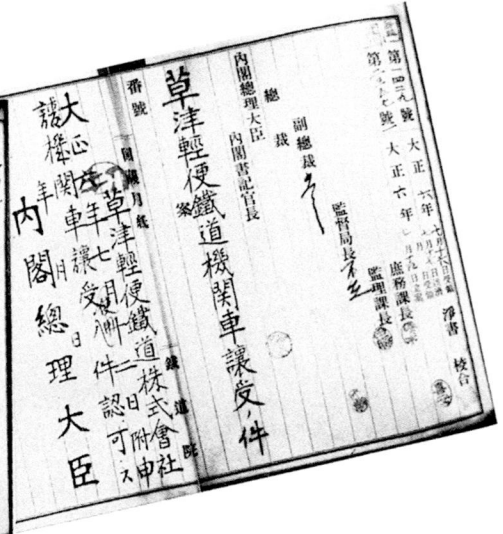

（上州草津温泉）　鐵道井澤輕停車場（日本唯一高山避暑道）

草津軽便鉄道新軽井沢駅構内に留置されるケ200形ケ205またはケ206号　　絵葉書所蔵：宮田憲誠

する見方もある．しかし草津軽便において，つぎに入線した機関車は順を追って5，6号と命名されている——現地聞込みでも形態を覚えている人はいなかったが，3，4号の入線は認めていた——やはり短期間でもケ205，ケ206号が草津に存在したと素直に考える方が妥当ではなかろうか．

〔2章〕の補足

湧別軽便線のうち，2′6″軌間で開業した留辺蘂—社名淵間の運転では，1日2往復と記したが，具体的でなかったので，当時の時刻表の写しを掲げることにした．資料は旅行案内社発行の『公認汽車汽船旅行案内，大正4年12月号』

である．当時は午後6時より午前5時59分までを太字で表したことは面白い（本稿ではアミ版の部分）．なお，この表では省略したが，3′6″の野付牛—留辺蘂間は軽便と連絡のない単独の運転が，昼間に1往復あった．

また，図3の「北海道2′6″軽便鉄道車輛・建築定規」は法的には湧別線改軌後も生きていた．廃止はなんと6年後で，大正11年9月2日付達648号であった．間の抜けた処置はいかにも役所らしい．ただこの間丹那トンネル工事用の軽便鉄道建設の際に，これが準用されたかどうかは定かでない．

湧別軽便線（留辺蘂—社名淵間）**時刻表**
（大正4年11月1日改正）

12.37	9.47	留辺蘂	7.11	4.21
12.21	9.31	本無加	7.31	4.41
11.16	8.21	上生田原	8.35	5.45
10.42	7.52	下生田原	9.01	6.11
10.16	7.26	遠軽	9.24	6.34
10.00	7.10	社名淵	9.36	6.46

栃尾鉄道15号（旧ケ203号）　魚沼線休止後の1946年に譲渡〔6.4〕章で記述
1956.3　写真：高井薫平

〔3〕仙北軽便鉄道の買収

〔3.1〕仙北軽便鉄道のあらまし

仙北軽便鉄道社紋

北上川の右岸地帯と，東北本線を横に結ぶ鉄道として計画されたのが，仙北軽便鉄道である．鉄道敷設の出願は1911（明治44）年7月，仙台市在住の荒井泰治，伊沢平左衛門ほか47名によってなされた．路線は小牛田から湧谷，前谷地を経由して石巻に至る18マイル（29km）の石巻線と，登米町より石森を経て石越に接続，さらに若柳を経て築館に至る21マイル20チェーン（34.2km）の石越線の2線であった．沿線はわが国有数の穀倉地帯で，回米に有利であっただけではなく，とくに石巻線は，太平洋岸の海産物を内陸部に輸送するのに至便であった．

この地域に鉄道を導入することは，産業・地勢を知っただけでも，企業家たちは食指を動かしたことはたしかであろう．当然ライバルも現われ，荒井泰治らの出願準備中に，羽田彦四郎ほか26名が石巻鉄道の名で，同一区間の出願届を割り込むように提出している．先願の有利はあったものの羽田はいわゆるよそ者で，地元の支持者が得られなかったことは想像に難くない．当局も免許は荒井泰治の仙北軽便の方に，明治44年8月23日付監1192号をもって交付された．石巻鉄道に対する却下も同日付で，両者の明暗が決したのである．余談になるが敗北を喫した羽田は，本業は弁護士で，中央鉄道を創立させ，明治43年11月に免許を取っている．しかしこれを武州鉄道に譲渡したことなどから，石巻鉄道も利権目的であったとも考えられる．

それはさておき，仙北軽便の創設者である荒井泰治は，1861（文久元）年生まれで明治期の思想・評論家中江兆民の門を叩いた人といわれ，のち10数社の会社役員を兼ね貴族院議員でもあった．彼の履歴のなかで鉄道史上注目すべき点は，貿易会社として知られたサミュル・サミュル商会（Samuel, Samuel & Co.）[*3]の台湾支店長を9年勤め，のち塩水港製糖の社長に進んだことが挙げられる．軽便鉄道

と製糖会社は密接な関連があるもので，前者はこの社の機関車の輸入に，後者は出資者に大きな関係があった．機関車については後述するが，資本面で大口の株主をしらべると，槇武（荒井泰治と同年同郷），弟の槇哲，安藤達二らの名がみえ，いずれも塩水港製糖会社の首脳であったことが知れる．いっぽう，地元の有力者，伊沢平左衛門，佐藤甚九郎は宮城県のいわゆる多額納税者で，家は醸造業ながら，七十七銀行の専務あるいは頭取の地位にあった人々である．つまり仙北軽便鉄道会社は強力な陣営の中に創設された，ということができる．

元来，小牛田―石巻間は〔1.2〕項で述べた国の鉄道敷設法による予定線のうち，「石ノ巻ヨリ小牛田ヲ経テ山形県下船形（のちの改正で新庄）ニ至ル」という，陸羽地方における本州横断の一部をなす幹線が予定されていた．しかし石巻は寛永年間から明治中葉（約1640〜1887年）までは，北上川舟運の中心地で栄えたと伝えられるが，日本鉄道（東北本線）の北進に影響され，商港としての機能が一時衰えた時期であり，小牛田―石巻間の鉄道は，地元住民の発起を待つというのが，政府の本音であったらしい．このためかどうかはわかりかねるが，軽便鉄道法による免許の認可も，宮城県経由で，出願提出から1ヵ月未満という早さであった．ただ石巻は早晩軌間を3′6″に改軌することが前提とされた．

免許線は一度に2線を取得したが，石巻線を先に集中的に施工し開業させ，石越線は大正元年9月はやくも工事施工期限延期届を提出している．その後3回にわたって延期し，経由地も人や貨物の動きの調査から，瀬峰に変更したが，1914（大正3）年4月27日に免許の返上を申請し，

[*3] 本拠は1892（明治25）年横浜居留地27番に興る．日清・日露戦争のとき軍需品を大量に輸入し大きな富を得た商館と伝え聞く．サミュル兄弟の経営で発足し，主として機械類，鉄鋼材料，石油，洋紙などの輸入を扱い，コンサルタントも兼ねていた．スウェーデンやイギリス製品を得意としたが，アメリカ製品も例外ではなく，機関車に関し有名なものでは，台湾の阿里山鉄道のシェイ式9両（13〜17, 21, 29〜31）の輸入を扱っている．

図9　仙北軽便鉄道線路略図　数字は駅間距離（km）．駅名は現代かなづかいによる．図中の名鰭沼・広淵沼は干拓され現存しない．

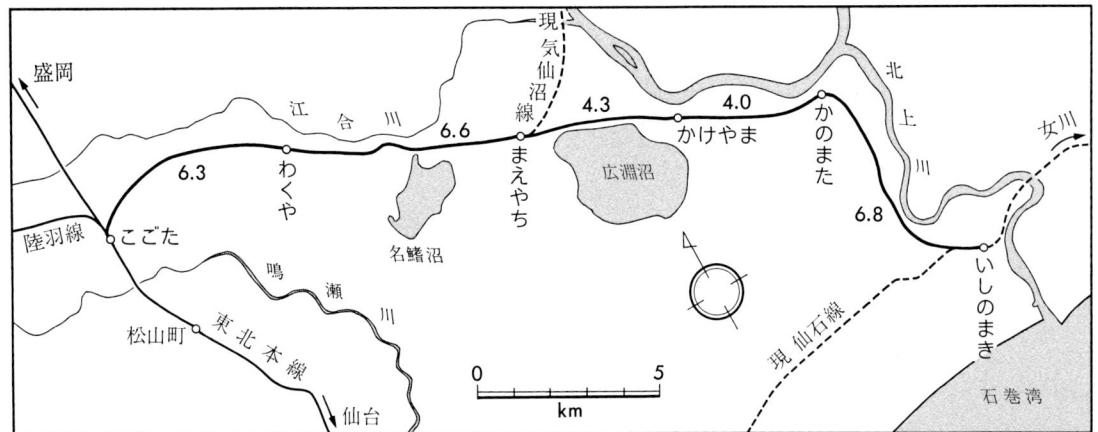

7.40	10.10	1.15	3.57	6.30	8.55	10.55	小牛田	6.20	8.45	11.50	2.30	5.00	7.30	9.40
7.23	9.53	12.58	3.40	6.13	8.38	10.38	涌 谷	6.41	9.07	12.12	2.52	5.22	7.52	9.58
7.02	9.30	12.37	3.20	5.53	8.16	10.18	前谷地	7.03	9.28	12.33	3.19	5.50	8.14	10.17
6.48	9.15	12.90	3.04	5.36	8.01	10.03	佳景山	7.16	9.41	12.46	3.32	6.03	8.27	10.31
6.35	9.02	12.08	2.52	5.23	7.49	9.51	鹿 又	7.30	9.57	1.02	3.47	6.17	8.40	10.41
6.15	8.40	11.45	2.30	5.00	7.30	9.30	石 巻	7.48	10.15	1.20	4.05	6.35	8.58	11.00

仙北軽便線（小牛田—石巻間）**時刻表** （大正8年10月1日改正. アミ版の部分は午後）資料：「公認汽車汽船旅行案内」大正8年12月号，旅行案内社.

同年6月20日に許可を得た．しかしこの線区はべつに，大正7年12月28日に登米軽便鉄道として免許を取得し，仙北鉄道として開通させた．これが第2次の〈仙北〉である．機関車本位でいえば〈ポーターのCタンク〉で知られる．もちろん荒井泰治の創設で，社紋を踏襲した由来など納得できよう．また開業準備中，大戦の影響で欧州ものの輸入が困難とみるや，ヒーリング商会（ポーターの代理店）に逸早く手配するなど，貿易の手腕をみせている．第2次の仙北も，機関車は他社と一味違うのもむべなるかな，という感が深い．

さて，話は初代の仙北に戻すが，資本金は100万円とし，本社は最初仙台市清水小路に置き，1914（大正3）年7月に石巻の停車場構内に移転した．車庫は石巻と小牛田に設置している．線路規格は最急勾配9‰，最急曲線R300mで，軌条はアーサー・コッペル社の25ポンドが採用された．鉄道につきものの，トンネルと鉄橋であるが，前者は申し訳程度のものが，前谷地西方にただひとつ．後者で最長は野蒜運河の30フィート3連（約27m）である．ただし将来の改軌を考え木造であった．

要するに仙北の路線は地形上厳しい条件はまったくなかったことが特筆できる．ただ開業当初の小牛田駅の取付けは，小牛田駅起点532m地点から，曲線R100m，勾配13‰で分岐し，約563mの仮線の敷設が余儀無くされた．これは官線の小牛田駅は，1910（明治43）年8月の洪水で大被害を受けたことと，新設する陸羽線の分岐工事の関係で，仙台寄りに約1.1km移転新築することが決定し工事中であった．それにもかかわらず，あえて仮線で在来駅とも結んだのは，官線で輸送されて来る建設資材や車輌の受領に必要であったからである．仙北軽便鉄道の開業は1912（大正元）年10月28日となっているが，実際には23日から試運転や招待を行ったようで，24日に監督局の竣工監査を終えている．そして新しい小牛田駅乗入れは，翌年4月20日であった．停車場は小牛田，湧谷，前谷地，佳景山（駅員無配置），鹿又および石巻の6駅で，駅間距離は線路略図に示した．

営業状況は概して良好で，石巻港の活況も上昇をみせた．このため政府もさきに述べた鉄道敷設法の予定線を着工線にするため，買収して改軌することに決した．手続を完了し鉄道院に編入されたのは，1919（大正8）年4月1日である（鉄道院告示14号，大正8年3月29日）．買収価格は公債募集額106万5960円として交付された．

列車の運転は会社時代が6往復，国有後の狭軌時代は7往復で，改軌工事はただちに実施された．竣工まで約1年で，1920（大正9）年5月23日に3′6″線として開業している（鉄道院告示第10号，大正9年5月21日）．しかし「石巻カラ小牛田ヲ経テ新庄ニ至ル」鉄道は成ったが，文章や地図の上でのこと．実際には小牛田駅の配線は直進ならず，線名・運転系統・旅客の動きが二分されていることは昔も今も変わらない．いまの石巻線は，三陸縦貫の足元を守っているといえようか．

〔3.2〕ケ190形（旧1～4号）

仙北軽便鉄道はさすがに明治期の創設だけに，毛色の変わった機関車が採用された．イングランドのブリストルに工場があったエイボンサイド社製のC形タンク式である．このメーカーの機関車は，京浜間最初の機関車群に2両含まれていたが，その後の輸入は低調であった．内地の軽便では仙北軽便と西尾鉄道（B形）のみで合計9両である．ただし台湾の製糖会社にも入っていることはたしかで，著者には正確な数字はわからないが，ほぼ同数と考えられる．

仙北軽便における機関車の設計認可は，明治45年6月4日付で申請し，同月29日付監1057号で取得している．両数は最初3両で番号は1～3，形式称号はS.K.T.であった．これは形式としては意味が薄く，仙北軽便鉄道の社名の略にすぎない．現車確認は趣味的立場で行った人はいないはずで，したがって銘板記載事項（製造年，製造番号）の記録は不明といえる．ただ1911（明治44）年12月21日に提出した工事施工申請の際，すでにこの機関車の製造所名はもとより，数値事項（シリンダ寸法，動輪直径，重量等々）を添記しているので，製造年はこの年と思う．当時の車輌の設計認可申請は，建前としては認可を得てから，製造に着手することにある．しかし実際には現車の完

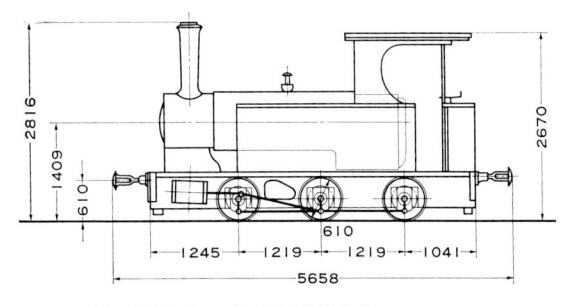

形式ケ190 形式図 〔エィボンサイド製13.2 t〕
シリンダ216×305mm，使用圧力9.8kg/cm²，火格子面積0.51m²，伝熱面積17.4m²，シリンダ引張力〔Zc〕1372～1829kg（0.6～0.8p），動輪直径610mm，最大幅1968mm，弁装置はスティヴンソン式．

成または入手後行っていた．不都合な点があれば，手直しするとか，特認を受けるのが常習的であったので，断定し得るであろう．機関車の増備は 1914（大正 3）年 1 月 8 日付で，最初の認可と同一のものを 1 両申請し，同月 10 日付監 138 号で認可を受けている．つまり 4 号機の登場で，前年（1913）に製造または輸入済みの製品であった，とみて大過ないはずである．最初の機関車もエイボンサイド社の既成設計で，製造所では注文さえあればすぐ供給できる体勢であったはずである．

　製造年と製造番号の関係は，1959（昭和 34）年に小熊米雄さんから寄せられた私信のメーカー・リストを拝借して，推定するほかない．台湾を含む日本向けであることと，エイジェントの社名だけであるが，私はつぎのように考えた．つまり仙北軽便と同形（シリンダ寸法 8′1/2″× 12″，動輪直径 24″ で分類されているもの）を集めると，F. No. 1577-1910 年三井物産，F. No. 1588-1910 年サミュル商会，F. No. 1608，1609，1614〜16-1911 年サミュル商会，F. No. 1665-1913 年マジソン商会の 8 両になり，このうち後の 4 両が仙北軽便の分に該当すると思う．他は仮定ではあるが塩水港製糖と考え得る．最終のはサミュル商会扱でない点に気掛りを残すが，とにかく三題噺ではないが，荒井泰治・サミュル商会・塩水港製糖との関連は事実であり，機関車などの購入も，塩水港製糖の分と共同的に行われたとしても不思議はないと思う．また本稿とは直接関連ないが，ボールドウイン社のリストの中に，F. No. 52200-1919 年 C 形タンク：仙北鉄道というのがある．第

2 次の仙北鉄道には現車はおろか，書類上にも現われない幻のものである．これなど塩水港製糖に変更したと解釈できないだろうか．

　さて，仙北軽便の〈エイボンサイド〉は，13 トンの C 形タンクであったが，構造も外観も一般のものとはいささか違っていた．これは幸いにも図面が残っているので語れるのだが，著者は実見したことはなく，満足すべき写真もないのでその点はご了解願いたい．明治期の機関車ではあるが，末期であり大正初期に内地を去っているので，〈渡辺・岩崎コレクション〉に求めるすべもない．

　また脇道に入り恐縮であるが，この時代の機関車の写真について触れてみたい．渡辺，岩崎両氏は当然ご健在であったが，渡辺氏の欧州遊学を潮に，お相手を失った岩崎氏は，積極的な写真コレクションをおやめになっている．帰国後の渡辺氏は，以前のように小川一真写真館に依頼することはなかった（二，三の特例はあったが）．もっぱらハンドカメラによって，ご自身でスナップを撮られる程度に終り他界された．そのためこの時期に撮影されたカビネ判の鮮明な写真がないのである．なお，戦前の鉄道博物館には，入り口にあったセルロイド張りの回転式パネルに，氏のスナップによる〔2.3〕項で述べた熱海線建設のケ 200 形の写真があったと記憶する．仙北軽便のエイボンサイドは，メーカーや地元になにか残っていそうであるが，探し出すことは至難の業である．

　それはさておき，この機関車には缶上に蒸気ドームと呼ぶものがないことが第一に挙げられる．蒸気の取り入れ

仙北軽便鉄道開業時の絵葉書　エイボンサイドのひく列車　　　　　　　　　　　　　　　　　　　　　絵葉書所蔵：三宅俊彦

仙北軽便鉄道開業時の絵葉書　橋梁を渡るエイボンサイド重連

絵葉書所蔵：三宅俊彦

は，ボイラ内頂部に長く設けた主蒸気管の上部に開口する多数の小孔からであったようである．安全弁も名状しがたき様式で，著者には勉強不足で形式名も機構も申し上げられない．加減弁は主蒸気管が煙室に入ったところに設けたスモーク・ボックス式も特徴である．またボイラは煙管・火室・煙管板とも全銅製と，煙管のみ真鍮製の2種があった．記録によると1916（大正5）年末に1号機の煙管を国産の鋼管と，また火室・煙管板などは軟鋼に，鉄道院の盛岡工場に依頼して交換したが，管端折曲し亀裂事故を生じ，再び真鍮管に変更したという．つぎに風変わりな点は台枠で，外側式が採用されている．狭軌としては安定性があったものの，保守点検の難は否めなかったであろう．

これら4両の機関車は買収により，大正8年4月1日達280号によって鉄道院に引き継がれ，ケ190〜ケ193号と命名された．190の根拠は，〔2.2〕項で記したことからおわかりのとおり，既存のケ200形（15.44t）より，仙北の買収機の方がやや小さかったから（13.2t）形式も若番としたにすぎない．鉄道院での活躍は改軌までの約1年間であった．その間早晩生ずるであろう，不要物件の車輛の処分が問題となったらしく，改軌工事中にはやくも沖縄県との間に譲渡の交渉がはじまった．沖縄県が嗅ぎ付けたのか，鉄道院の配慮かは即断できないが，たぶん後者であったと思う．いずれにしても，大正10年1月11日付で4両全部を引渡している．ただし鉄道院における廃車宣告は，大正10年3月9日達168号で，《譲渡のため車籍削除》の

典型をとっている．

沖縄県への譲渡は機関車だけではなく，客貨車43両も加わるという大移動で，仙北軽便鉄道は沖縄に移転したかのごとき感を呈したに違いない．当時沖縄県営鉄道は古波蔵—嘉手納間22.4kmを工事中で，財政上車輛の増備に苦慮していた矢先であった．仙北軽便線の改軌は，まさに救いの神でもあったわけである．この間の事情を物語る文書はつぎのように残っている．文面は慇懃にしていささか虫がいい．しかしこれは役所間の交渉であり，大義名分のたつ書類がととのっていれば，かなりの便宜が得られたものと推察できる．

土第697-3号　　大正8年10月2日

沖縄県知事　川越　壮介囮

鉄道院監督局長　法学博士　佐竹三吾殿

仙北線諸材料払下ニ関シテハ予テ深甚ノ御配慮ヲ蒙リ候処今般愈本県ニ払下クヘキ旨経理局長ヨリ通牒ニ接シ事業遂行上一大光明ヲ得タル次第ニ有之是全ク本県ニ対スル御同情ノ結果ニ有之茲ニ深ク感謝ノ意ヲ表シ候幸ニ低廉ノ払下ヲ受ケ此上懇請スヘキ余地無之候得共払下以外輸送費組立費修繕費等ニ多大ノ費用ヲ要スル事ニ有之近時物価益昂騰ニ起因スル打撃ト共ニ本工事施行予算上甚不安ヲ感スル状態ニ有之候モ付テハ尚一応貴院ノ御援助ヲ期万全ノ進行ヲ期シ度候ニ付払下品ノ全部ヲ鹿児島迄無賃輸送並機関車四輛ノ大修理ヲ院工場ニ於テ無料施行ノ上完全ノモノトシ御

28ページの絵葉書の拡大写真 　　　　　　　　　　　　　　　　　　　　絵葉書所蔵：三宅俊彦

引渡シ相成候様致度総裁ニ対シ別途右申請致置キ候条此上共特別ノ御尽力仰キ度謝詞ヲ兼ネ此段及御依頼候也
　　　　　　　　　（鉄道院文書　仙北軽便鉄道）
　沖縄県に渡った機関車は11〜14号の新番号が使用された．しかし一般構造でないボイラや加減弁には手をやいた

ことと，老朽亀裂などで，逐次蒸気ドームのついた普通形に乗せ換えられた．工作はすべて鉄道省小倉工場に依頼している．沖縄県営鉄道の消滅は，米軍による1944（昭和19）年10月10日の大砲撃にはじまる．しかしケ190形の最期を知り得る資料はなにひとつない．

沖縄県営鉄道のエイボンサイド（奥の2両）手前はコッペル製C形機 　　　　　　那覇　所蔵：臼井茂信

〔4〕工事用軽便鉄道と機関車
〔4.1〕工事用軽便線のルーツ

むかしの品川停車場は海岸にあった．1870（明治3）年京浜間鉄道建設のとき，いまの田町・高輪に存在した薩摩藩の屋敷付近は，西郷隆盛の反対で地上に線路を通すことができなかった．大隈重信はやむなく海上に築堤を造り，品川に入り，ここから御殿山・八ツ山を開いて，やっと海から離れる線路選定をしたからである．

時移り事去り明治の末，田町・品川沿線地先の海面を埋め立て，品川駅をやや田町寄りに移し，操車場を設置する計画がたてられた．またそのころ，新橋工場の狭隘が問題となり，大井に移転させる案が台頭し，この二つの目的を達成すべく，一大鉄道土木工事が展開されたのである．その規模は仮護岸7323呎（2.2km），埋立18万5391立坪（111万4000m³），大井工場敷地の盛土2万8655立坪（17万2000m³）という膨大なものであった．作業は大井の浅間台丘陵から，2台のスチームショベルを使用して土砂を採取し，八ツ山陸橋東側を仮トンネルを通って，品川駅地先の埋立地まで運搬するわけである．大井工場の敷地は掘削の跡地と，一部の盛土で造成された．

軽便線は延長約2哩半（4km）で，特筆すべきは複線の敷設にあった．また東海道本線と併走のため，軽便の方が脱線しても本線に支障のないように，路盤を2呎下げて施工された．軌条は18ポンドながら，機関車は9トンC形，コッペル社製5両の新製機と，67才（1.8m³）積土運車200両が使用された．運用は1列車20両で当時の壮観が想像できよう．着工は1911（明治44）年末で，約2年2ヶ月を要し完工している．

さて，この工事については『国有鉄道技術発達史第2篇，施設Ⅲ』にも，『日本国有鉄道百年史第6巻』にも記載されている．しかし記述はあたかも国鉄直轄工事のような錯覚を起こす．もちろん設計そのものは鉄道院であるが，じつは大丸組（鈴木辰五郎）が全面的に請負った工事なのである．この事実は『鉄道時報，明治45年3月2日号』に詳述されていながらも，正史に施工者の名が明記されていないのは遺憾である，と私は思う．

というのも，当時の建設業者で，鹿島組，佐藤組，大倉土木などは機関車を保有し，工事を行った例はあるらしいが，一時的で小規模なものと考えられ，大丸組のごとき大規模な軽便鉄道と，車輌を駆使して施行したことは機械化鉄道工事の嚆矢であったからである．鈴木辰五郎については，『日本鉄道請負史』にも詳述がない．ただ，北陸線工事の入札時における同業者に対する義狭伝と，民間で乗用車を購入したのは，渋沢栄一につづいて第4番目とかいう，浪花節や雑学のネタ程度である．いずれにしても，一時は隆盛をきわめたが，以後鳴りをひそめた業者のひとりである．品川の大工事が命取りになったかどうかは知る由もないが，コッペルの機関車は1915（大正4）年に全部売却されてしまった．のち彼は建設業の看板は掲げていたものの，安全自動車株式会社の取締役に専念したらしい．かつて西武鉄道の山口線で人気を呼んでいた〈謙信号〉，つまり頸城鉄道の2号機こそ，鈴木辰五郎が鉄道工事に使った記念すべき唯一の遺品といえる．

この稿は，国鉄狭軌軽便線とその制式機関車に絞ったものである．しかし国鉄の工事用軽便線のルーツは品川駅の拡張と，大井工場の敷地造成にあったことは明確であるか

大丸組の生き残り　頸城鉄道2号

百間町　1953.9　写真：瀬古龍雄

ら，あえて〔4〕章の序論にかえた．

〔4.2〕建設・改良・電気事務所

国鉄における建設事務所とは，1907（明治40）年4月帝国鉄道庁設置以来のものである．そして鉄道工事の請負・直轄を問わず新線建設に際し，定められた管轄区域内で，工事関係のすべてを掌握していた地方機関であった．また官制上の組織では，鉄道省以降は直属というのも特筆できる．しかし1939（昭和14）年には後述の改良事務所を吸収合体し，工事事務所と変わった．さらに1943（昭和18）年の運輸通信省設置，1949（昭和24）年の公共企業体への移行で，組織も名称も数次にわたって変貌する．大略に絞ってみても，地方施設部→工事事務所→工事局といった具合である．ただ，本庁と直接関連ある部門は，建設局（大正8年5月設置）から施設局（昭和17年11月以降）に変わっただけであった．要は名称の変化で，分掌事項にはさほどの動きがないとみてよいであろう．

各建設事務所に配属された機関車は，軽便用ばかりとは限らず，本線（3′6″軌間）用のみのところもあった．軽便の場合，制式機は一般の機関車同様工作局台帳に登録されていた．そして公用貸出しの形で，建設局を通じ各建設事務所に配属していたのである．一方，建設事務所は担当の工事の竣工や起工により，廃止または新設で，管轄や名称変更がしばしば行われた．そのため機関車の所属変更も複雑であったことはいうまでもない．一般機関車のような履歴簿の存在も明確でなく，いまとなっては追跡調査は不可能であり，断片的なことしか判明しない．そのうえ建設局が単独で増備し，工作局の関知しない機関車が存在し

大正13年度末現在の**工事用制式軽便機関車の配置**

（制式機の最大両数時）

所　属	両数	機　関　車　番　号
東京建設	7	ケ100，　ケ101，　ケ105 ケ150，　ケ160〜ケ162
熱海線建設	4	ケ200〜ケ203　　　　（＊1）
岡山建設	2	ケ103，　ケ104　　　（＊2）
熊本建設	2	ケ153，　ケ166　　　（＊3）
長岡建設	3	ケ163〜ケ165
秋田建設	6	ケ102，　ケ151，　ケ152 ケ167〜ケ169　　　　（＊4）
信濃川電気	14	ケ170〜ケ183
東京第一改良	3	ケ106，　ケ107，　ケ211（＊5）
国府津改良	2	ケ210，　ケ212　　　（＊6）
神戸改良	6	ケ110，　ケ111，　ケ184， ケ185，　ケ213，　ケ214（＊7）

（＊1）　ケ200，ケ202は翌年度盛岡建設．
（＊2）　岡山建設は旧多度津建設．
（＊3）　熊本建設は旧宮崎建設．機関車は大分建設（廃止）より移管．
（＊4）　ケ151，ケ152，ケ167，ケ169は新庄建設（廃止）より移管．
（＊5）　ケ211は東京第二改良より移管．
（＊6）　旧東京第二改良．
（＊7）　ケ110，ケ111は下関改良より名古屋鉄道局を経て移管．

た．経理上も支出項目が違っていたと思われ，いわば土木機械扱であったわけである．当然機関車としての統計両数からも除外されていた．いまふうにいえば，入換機関車と貨車移動機の関係と似ている．この異籍機関車は延べ約36両を数え，制式機の延べ約49両からみれば，かなり高い比率を示す．注目すべきはこのアウトサイダーはほとんどが，第2次大戦の末期から終戦直後の購入品であった．

工事用の蒸気機関車は，建設局（施設局）の備品として，そのすべてに〈車蒸〉何号という整理番号を付していた．いつごろから実行したかは不明であるが，少なくとも1931（昭和6）年以降と推定できる．そして形式，所属などまったく関係なく，アットランダムに車蒸1〜84号まで付番されたことが判明している．ただし末期は多少の増備順が読みとれる．

つぎに改良事務所であるが，実質的にいえば建設事務所と変わらず，やはり本省直属の機関であった．ただ違う点はまったくの新線建設ではなく，幹線における線増工事や，曲線・勾配緩和，あるいは災害復旧の規模が大であった場合などの工事目的で設置された．したがって数も少なく，ほぼ山陽・東海道の範囲を出なかった．1939（昭和14）年の改編により，工事事務所に合併し，さらに1943（昭和18）年以降は地方施設部に統合された．本庁との関連は，はじめは工務局（大正4年6月設置）であったが，のち施設局となった．機関車については，建設事務所の場合と同じことがいえる．ただし初期には，建設局と工務局との間の機関車の交流はなかった．

電気事務所は1921（大正10）年6月に鉄道院官制が改正され，電気局が置かれてから本格化した．とりもなおさず，鉄道の電化計画にもとづくものであった．具体的には信濃川水域に水力発電所を建設することを標榜したのである．取りあえず東京に信濃川電気事務所が設置された．しかし建設の準備がかなり進んだとき，関東大震災に遭遇し，人員も予算も復旧事業に転ずるという，間接的な影響を受け工事が中止されてしまった．再開は1931（昭和6）年という状態で，長い開店休業期をもつ特異な地方機関であった．組織の変動は1942（昭和17）年に工事事務所と合体して地方施設部に移った．電気事務所と称した機関は，東京にも存在し一時信濃川と関連をもったこともあるが，実質的には工事用軽便鉄道と車輌を保有したのは，信濃川のみといえる．

建設・改良事務所に属し，蒸気軽便を使用した直轄工事は枚挙にいとまがないはずである．しかし実際には詳細な記録が残されている例は僅少である．というのも，工事用材料の運搬を主目的とし，かなり長期にわたり根を下ろした軽便線が少なかったからである．そしてほとんどが，期間も短く，移動性の大きい土取り，土捨て，盛土など漂泊的な性格の路線であったからと思う．それで次節で解説する具体的な工事用軽便線は，線路敷の記録ある線区にとどめざるを得なかった．丹那トンネル工事の材料運搬線については，〔2.3〕項ですでに記載したとおりである．

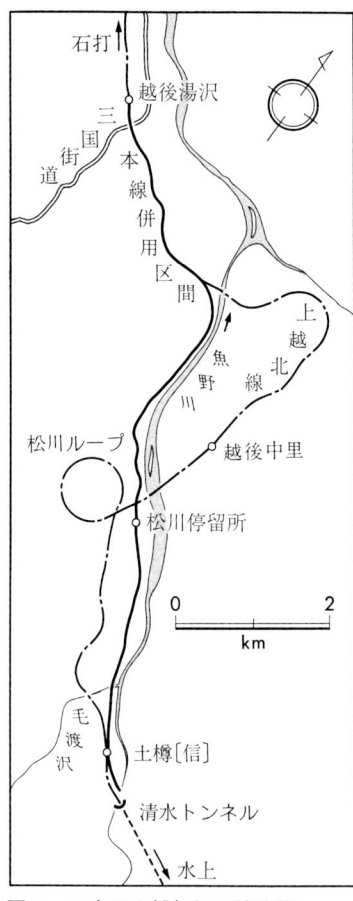

図10　工事用上越軽便北線略図
（支線は線路敷不明確のため省略）

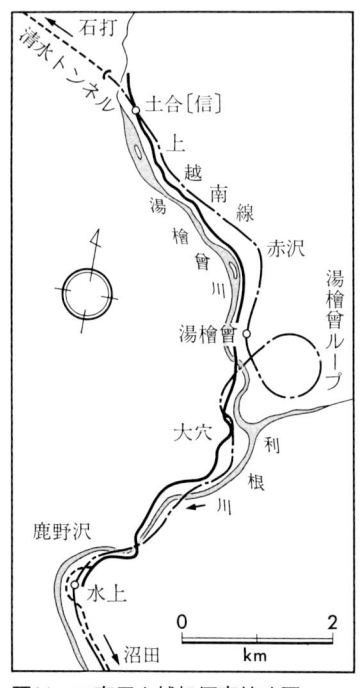

図11　工事用上越軽便南線略図

工事用上越軽便北線　牽引機はケ160形　　　　　『上越線工事誌』から

〔4.3〕上越線建設の軽便線

　上越線の建設は三国山脈の茂倉岳を分界点とし，南は高崎までを南線，北は宮内までを北線とした．工事施行の分担は前者が東京建設事務所，後者は長岡建設事務所であった．茂倉岳直下は長大な清水トンネルで貫き，高低差の緩和は湯檜曽と松川の両ループ線で処理するというロケーションは，当時としては画期的なものとされている．建設工事のうち北線の宮内—松川間は請負とし，以南および南線の全部は鉄道省直轄の方法がとられた．

　直轄工事とした理由は，南線の高崎を起点として着工した1919（大正8）年ごろは第1次大戦の影響により，諸物価や労賃は日々に高騰し，労働者も不足がちであったからである．つまり機械力を大量に導入し，労力の不足と，工費の高騰を防止することにあった．さりとて，当時の建設業者は採算をためらってか機械化の用意が十分でなかったからである．いっぽう，工事はもっとも長期化が予想される清水トンネルの開削を，早期に開始することが望まれた．しかしながら，工事現場は交通不便で，人煙まれな山中であり，ここに至るまでの道路とて満足すべきものはなかった．そのため南線は沼田から土合まで，北線は越後湯沢から土樽まで，軽便鉄道が敷設された．輸送は作業従事者の住宅建設材料や生活必需品からはじまり，順次土木機械や工事材料の運搬に移行した．

　それより以前，上越南線は渋川までしか開通していなかったため，渋川—沼田間は，当時営業中であった東京電燈株式会社の経営する軌間2′6″の電気軌道が利用された．上越軽便南線の施行は，最初鉄道第一・第二両聯隊が演習をかねてはじめたが，期間満了後は直轄工事で締めくくった．軌道は橋梁と家屋密集地域を除いては，県道上に敷設された．延長距離25.5km，最急勾配66.7‰，最急曲線R20mであった．急峻な箇所は大穴—土合間に集中していた．軌条は20ポンドで，枕木は主にスチールタイが採用された．主要橋梁は利根川の本流を渡る大鹿橋で，スパン32mの木造上路式吊橋である．全線のうち大穴—土合間は急勾配のため，電化を計画したが積雪のため保守困難を知り挫折した．軽便南線の動力車は蒸気とガソリン機関車の併用である．

　上越軽便北線は，清水トンネルの開削を北側からアタックするため敷設された．そのころの上越北線は越後川口に達し，これから越後湯沢までは国道の三国街道が通じていたため，軽便線は越後湯沢—土樽間とされた．湯沢から約2.6kmは，早期に買収済の本線用地が活用され，他は魚野川に沿った専用軌道であった．工事中3回にわたって本線に接する分岐支線が建設された．延長距離は上越軽便北線9.5km（側線を除く），松川ループ支線（Ⅰ）2.3km，雪覆工支線（Ⅱ）1.1km，

図12　工事用上越軽便線敷設概要図

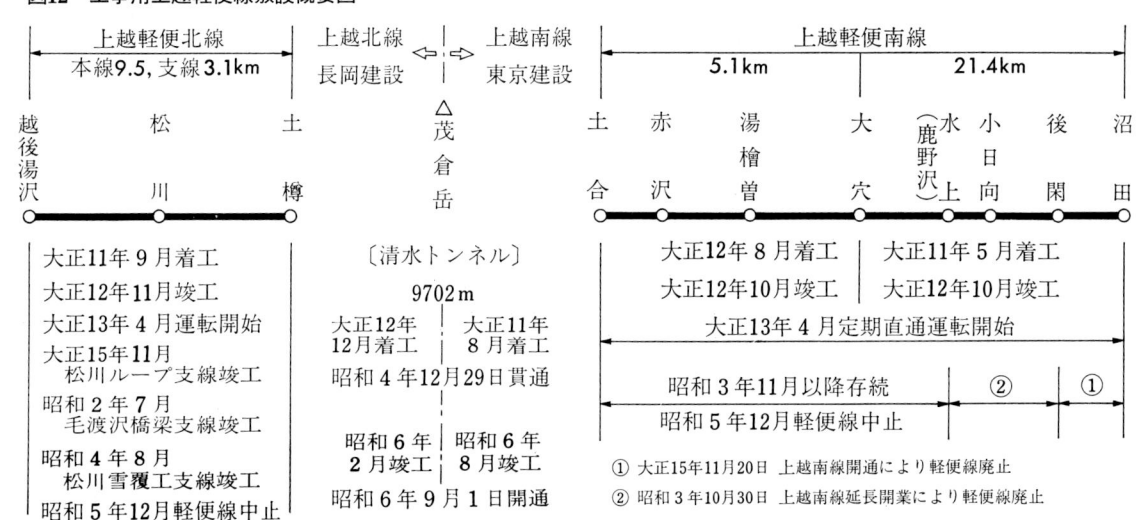

毛渡沢支線（Ⅲ）0.9km であった.

　線路規格は, 軽便本線の最急勾配 40‰, 最急曲線 R120m, 軌条は最初 20 ポンドで敷設されたが, 輸送量増大により, 1926（大正 15）年 11 月から 30 ポンドに更新された. 支線Ⅰの最急勾配と曲線は 40‰ と R120m, 支線Ⅱは 50‰ と R100m, 支線Ⅲは 50‰ と R240m であった. 軽便北線は 1923（大正 12）年 11 月, 支線の一部は 1926（大正 15）年 8 月から電化され, 蒸気と電気機関車の併用運転となった.

　以上は『上越線水上石打間工事誌 1〜4 巻』（鉄道省東京・長岡・東京電気事務所, 1933〜1935 年）および『上越線建設概要』（鉄道省東京・長岡建設事務所, 1931 年）などを参考にして記した. 軽便線の着工から廃止まで, 年月の関係を図解し整理すると図 12 のとおりである. ただし軽便南線の年月は, 上記後者の文献の方が正しい, と私は判断したのでそれに従った.

　上越軽便線で使用された機関車の記録は, 前掲の文献では具体的でなく不十分である. ただ工事期間中全線で使用された蒸気軽便機の集計は, 6 トン 2 両・8 トン 9 両・10 トン 1 両・15 トン 2 両・トン数不詳 1 両, 延べ 15 両を挙げている. 形式別の解説は〔4.6〕項以降から順次述べるが, 上記をトン別形式に当てはめると, ケ 150 形・ケ 160 形・ケ 170 形・ケ 200 形・ケ 1 形[*4] になる.

　ところで, 北線と南線の形式別区分であるが, 北線については前掲の『工事誌』では, 最初 1924（大正 13）年 4 月から 8 トン機 2 両を使用, 1926（大正 15）年 10 月に 15 トン機 2 両を常備, 予備として 8 トン機 1 両を配置したことを記している. つまりケ 160 形 3 両と, ケ 200 形 2 両となる理屈だが, 別項の「備品償却額内訳表」には 6 トン 2 両・8 トン 1 両・15 トン 2 両となっており, 両数はともかく, トン数別では合致しない. 違いは配置替えだろうか. ただ北線のうち一部請負部分があり, 6 トン機 3 両を国鉄側から提供した記録がある. おそらくこれはケ 100 形と推

定され, 「内訳表」の 6 トン機 2 両はこの形式と思う.

　南線については前掲『工事誌』では蒸気に関しては記載がない. しかしまったくべつの文献, 『第一回機械電力会議記録』（鉄道省建設工事課, 1926 年 7 月）の中の, 「蒸気及瓦斯倫機関車運転成績統計調査, 東京建設事務所」によると, 沼田―土合間の機関車は, ケ 1 号・ケ 105 号・ケ 150 号・ケ 161・162・166 号の計 6 両としている（ガソリン機関車は 3 両）, 一時期の記録としても番号が明記され貴重と思う. ただし南線の蒸気は土工用が主体で, 直通の業務用客車列車の牽引などは, ガソリン機関車が主力だったようである.

〔4.4〕第一飛鳥トンネル建設の材料運搬線

　盛岡から北上山地を横断し, 三陸沿岸の中心地, 宮古を結ぶために建設されたのが山田線である. 1920（大正 9）年 10 月に工事は盛岡側より開始し, 1923（大正 12）年 10 月にに上米内まで開通した. ところがこれから以東は, 次第に人煙絶無の僻地となり, しかも渓谷と山嶺続きで工事がはばまれた. とくに当時 6 番目という長大な第一飛鳥トンネル（2263m）の工事は, 材料運搬に腐心した. この状況は『山田線第一飛鳥隧道工事概況』（鉄道省盛岡建設事務所, 1930 年）に記録されているので, これらを参考に摘録することにした. なお『日本鉄道請負業史, 大正・昭

---

*4) ケ 1 号は施設局の業務用資料によると, 1919（大正 8）年 11 月ポーター社製 7 トン C 形サイドタンク（カタログ形式 C-SS 式）で, 製造番号は 6442 と明記されていた. 車蒸は 15 号で, 上越線から熱海線の建設に移り, 昭和 9 年 11 月に国鉄隅田川用品庫に収納された. 最期はいかにも土木機械扱であった感が深い. もちろん建設局単独購入品で, 〈ケ 1 号〉の命名も工作局は関知していない. なお, 昭和 32 年に高田隆雄さんから頂いたポーター社のリストと照合すると, F. No.6441, 6442 の連番で同形が 2 両ヒーリング商会を経て輸入されていることがわかる. いっぽう, 建設局には他にいま 1 両ポーターが車蒸 4 号として存在した事実がある. 岡山建設事務所に所属し, 廃棄は昭和 12 年 1 月の記録である. はたして, これが F. No.6441 の同僚機であったか, 別物かは確認されていない.

第一飛鳥トンネル材料運搬線のケ160形　　　　　　『第一飛鳥隧道工事概況』から

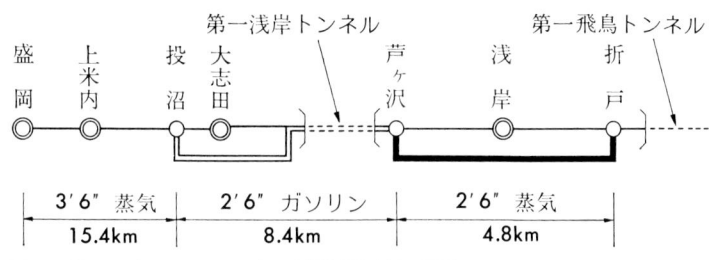

図13　第一飛鳥トンネル工事用材料運搬線概要図

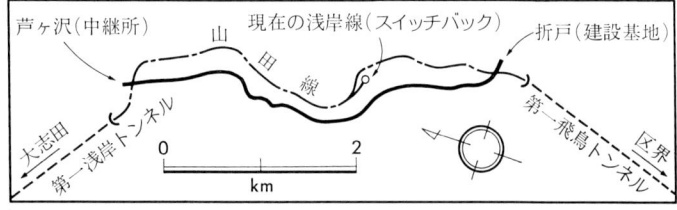

図14　第一飛鳥トンネル工事材料運搬線蒸気軽便区間略図

鉄道第二聯隊盛岡出張　軽便線建設工事の状況　　　　　　　　　　　1923　絵葉書所蔵：花井正弘

和前期篇』（1978年）および『鉄道建設物語，盛岡工事局60年のあゆみ』などでも取りあげているが，年月など食い違う点があり，最初の原典にしたがった．

　まず材料運搬の輸送体制に特色があり，図13のように3段がまえであった．狭軌軽便線は投沼から，折戸まで13.2kmが鉄道第二聯隊と鉄道省直轄で施行された．本線は投沼付近から，五つのトンネルで形成する大志田の大Sカーブを画くが，軽便線の方は急勾配でほぼ直線の形をとる．第一浅岸トンネルを未完ながら本線併用で通過し得たのは，1924（大正13）年7月以降である．それ以前，投沼―第一浅岸間は1923（大正12）年8月に完成していたが，当初は馬トロを使用していた．ところが関東大震災の間接的影響による予算削減で，工事は渋滞した．その間雪害などで軌道も損傷し，1924（大正13）年4月以降に整備を行い，ようやく動力車を導入するようになった．蒸気軽便は芦ケ沢―折戸間4.8kmに限られ，8トン軽便線と呼ばれた．人跡未踏の地であった折戸は，工事期間中は建設基地となり集落を形成した．

　軽便線の使用は，1927（昭和2）年8月で終ったといわれているので，大志田―区界間開業の前年に当る．撤去後の線路跡は自然に帰り，昔時を偲べないが，

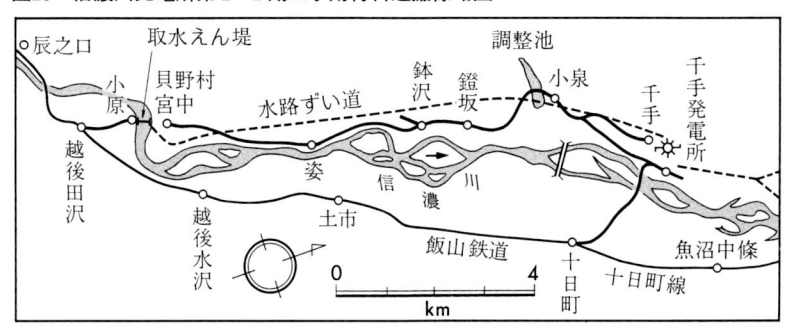

図15　信濃川発電所第1・2期工事用材料運搬線略図

いまでも芦ケ沢と折戸は荒廃した平地を残している．いずれもトンネル工事のズリ捨て場でもあった．

さて問題の機関車であるが，ガソリン機関車と，坑内・外で使用のバッテリー・トロリー兼用電気機関車については，前掲の『工事概況』に詳しいが蒸気に関してはケ160形の活躍している写真が1枚あるのみで，活字に残された記録がまったく無い．工事用軽便機関車が，はじめて盛岡建設事務所に配属になったのは，1925（大正14）年でケ200形2両となっている．当時管轄内で軽便を必要としたのはこの線区だけと考えられるが，文献類には現われない．この検討は〔4.11〕項で触れる．

〔4.5〕信濃川発電所建設の材料運搬線

1921（大正10）年6月信濃川電気事務所が設置され，ただちに発電所建設の準備工事が開始された．当初は新潟県中魚沼郡の辰之口を取水口とし，北魚沼郡の吉平を放水口と定めた．この間に水路ずい道→調整池→圧力ずい道→小千谷発電所と，一連の設備を建設する1段発電方式の計画であった（図15・16）．そのため主要地8ヵ所に詰所を設け，建設材料運搬を目的に，魚沼鉄道の平沢駅から吉平，市ノ口，千手を経て貝野村に至る軽便線と砂利採集や倉庫への引込支線が延々と敷設された．工事は間組の請負であったが，線路規格は不明で，正確な総キロ程の記録も見当らない．しかし伝承では約40kmとされている．またそのころの上越北線は越後川口に達してはいたが，対岸の十日町線や飯山鉄道は未開業で，資材輸送のルートとして，魚沼鉄道は重要な役割を果した．

信濃川電気事務所が関東大震災の影響で，継続事業が中止されたことは〔4.2〕項で述べたが，1926（大正15）年ごろから東海道・中央・上越線の電力問題で，建設計画が再燃し，設計が練り直された．今度は取水口を宮中に，発電所は千手と山辺（小千谷）の2段方式に変更され，工事は上段を第1・2期，下段を第3・4期にわけて施工することになった．信濃川電気事務所（千手）の再開は1931（昭和6）年4月で，工事開始は同年8月である．ここで幽閉されていた軽便鉄道と機関車たちは，ようやく陽の目

を見ることになった．使用開始の軽便線は，千手―小泉―田沢間とその支線約15kmである．いっぽう，十日町線は1927（昭和2）年に開通し，発電所工事再開により，新たに十日町―千手間の信濃川を渡る運搬線が敷設され，資材受入れの門戸となった．

この項の記述は『鉄道省電気局沿革史』（鉄道省電気局，1935年），『信濃川水力発電工事誌』（信濃川工事事務所，1952年），『国有鉄道技術発達史』その他を参考としたが，1924（大正13）年の信濃川電気事務所の廃止から，1931（昭和6）年の再開までの維持に関することが，いずれも明記されておらず残念である．たとえば軌道の保存，撤去，再敷設と，車輌の保守，保管などである．ただ事務的には東京電気事務所が引継ぎ，1925（大正14）年に建設局の信濃川掛が担当していたことだけは明確である．

第1・2期工事は昭和6〜20年で終り，上段の千手発電所が竣工した．第3期工事は下段の小千谷発電所の建設で，1944（昭和19）年3月戦争たけなわに開始したが，間もなく中止した．再開は終戦の翌年で，1954（昭和29）年に完了したが，その間G.H.Q.の命令による中止や，請願による再開など波瀾万丈であった．第3期の軽便線は十日町―千手―小泉間および千手―深根―市ノ口間とその支線であった．最初は吉平まで延長する計画であったが，旧路盤の荒廃がひどく復活しなかった．キロ程は千手―市ノ口間の軽便本線が12.9km，小根岸，中沢，寺崎，狸沢その他倉庫線など計6.5kmが集計できる．使用機関車はケ160，ケ170，ケ200形の制式機のほか，立山重工業と協三工業のB形8トン機と多彩であった．

最終的な第4期工事は，1966（昭和41）年の末にはじ

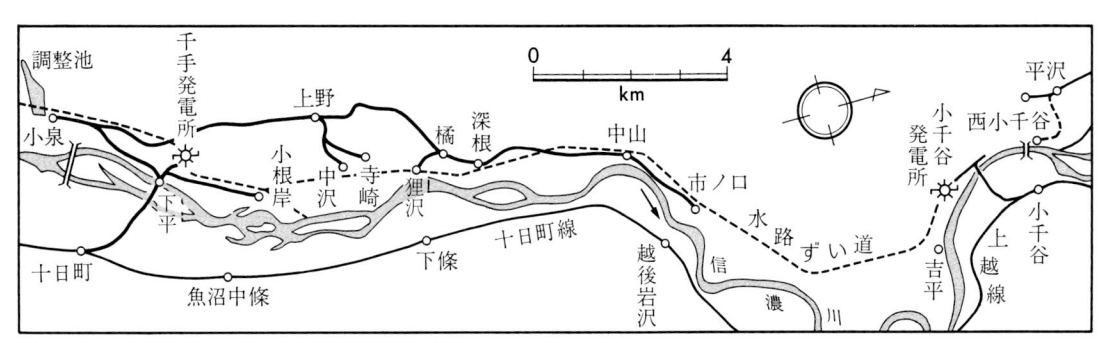

図16　信濃川発電所第3期工事用材料運搬線略図　　　　　　　　　（市ノ口―吉平―平沢の旧線敷は不詳）

まるが，もはや軽便鉄道は影をひそめた．

〔4.6.1〕ケ100形　ケ100〜ケ105号

建設工事用として国鉄が新製した最初の軽便機関車である．通称5トン（公称5.55t）機関車と呼び，はじめの一群は6両であった．製造は雨宮製作所で，この社と製造を契約したことも最初であった．（未契車第454号）．

国鉄が機械化土木工事を採用するに至った経緯は，すでに〔4.3〕項で述べたとおりで，1919（大正8）年5月に建設局の設置以降活発化した．一般にそのころの軽便機関車といえば，〈コッペル〉が主流であったが，第1次大戦の影響で輸入が困難となった．しかしそればかりではなく，鉄道院では，もはや蒸気機関車は原則として舶来品を購入しない方針がうちだされていたので，にわかに国内の中小メーカーが脚光を浴びた．とくに小形機の製造では，それまでに200両以上の生産実績のあった雨宮製作所は，会社自体も大日本軌道鉄工部から改組したばかりで，ようやく有卦に入ったことがいえる．国鉄の発注は1919（大正8）年9月で，製作監督は8620形の設計者の一人として知られた工作局の津田鋳雄技師が任命された．余談になるが，当時石川島造船所においては，18900（C51）形の最初の一群のボイラとシリンダを製作しており，彼はこれらの監督をも兼ねていた．ケ100とC51の対照は想像しただけでも愉快に耐えない．

ケ100形は概略の仕様を国鉄が示したのみで，設計は雨宮が実施し，承認を得る形であった．特徴はボトムタンク式で，加減弁は蒸気ドームの頂上に亀の子を乗せたような，独特な様式を採用していた．この弁の正式な形式名を著者は知らないが，水平スライド弁系で，ヘンシェルやハノマーク製の古い小形機関車に多く見られた．総体的には，大日本軌道鉄工部のデザインから脱皮していない．ただ煙突だけは継手のないスマートなテーパー付のパイプ形が採用されていた．

ケ100形6両の新製配置・落成年月日（カッコ内）はつ

形式ケ100〔雨宮製〕ケ101号

西武鉄道本川越　1950.10　写真：臼井茂信

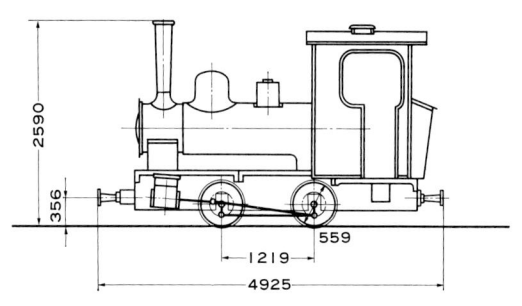

形式ケ100　形式図〔雨宮製作所製5.55t〕

シリンダ143×254 mm，使用圧力10.5 kg/cm²，火格子面積0.25m²，伝熱面積7.3 m²，シリンダ引張力〔Zc〕 584〜779 kg（0.6〜0.8 p），動輪直径559mm，最大幅1580mm，弁装置はワルシャート式．

ぎのとおりである．大正9年3月20日付達267号：ケ100，ケ101（大正8年12月8日），ケ105（大正9年1月23日）3両東京建設事務所．ケ103，ケ104（大正9年1月23日）2両多度津建設事務所．ケ102（大正8年12月24日）1両秋田建設事務所．

雨宮の製造番号はケ101号の232が確認されているだけで，他は不明である．ちょっと危険な推定だが，全部でF．No.231〜236と一応仮定できよう．だいたいは熊本・岡山・米子建設事務所に，晩年は岐阜・盛岡建設事務所に配属されていた．信濃川電気事務所には全機がいずれかの時期に，一度は入線したことは注目できる．

車籍削除は昭和28年度である．しかし実際にはそれより以前から廃車同然のものが多かった．たとえば，ケ102，ケ104は盛岡工事事務所（釜石線の建設）が最終であり，昭和24年5月10日付鉄施710号で廃車処分されていた．それにもかかわらず，車両管理上の正式な両数（鉄道統計年報などで公表）の減少は前記昭和28年度に延引し，しかも公報達は見当らないのである．

〔4.6.2〕ケ100形　ケ106，ケ107号

前項のケ100形は建設局の要求で発注されたが，この方は工務局で1922（大正11）年後期に契約された（戊契車第431号）．製造所が佐賀県若津の深川造船所であり基本諸元は雨宮製と同一ながら，外観はかなり違っていた．とくに目立つ点は加減弁で，深川は蒸気ドームの横につけ，コッペルの模倣といえる筒形をしたグローブ弁系であった．砂箱は双方とも角形のやはりコッペル形ではあるが，上辺の丸味の向きが，深川は機関車の前後方向に曲げる独特の手法をみせていた．機関車重量は実際には雨宮製と多少の違いがあったと考えられるものの，同一に扱われていた．製作監督は本省から派遣されず，門司鉄道管理局の古閑正雄技師に委嘱している．

大正12年2月27日付達89号によれば，ケ106，ケ107号はともに1922（大正11）年12月29日に落成し（銘板は11月製），東京第一改良事務所に配属されている．ところが，実際に現われた深川製のケ100形の現車はケ105，ケ106号と付番され出場したらしい．既存機が5両と勘違いしたのかどうかは知る由もないが，ケ105号が2両出現する結果となってしまった．

鉄道第二聯隊施工の第一橋梁を渡るケ100形　　　　　　　　　　絵葉書所蔵：市川健三

形式ケ100〔深川製〕 上：ケ105号　下：ケ106号　鉄道公報ではケ106　ケ107号に相当するが　現車はご覧のとおり　後部の炭車は原形ではなく　のちの改造らしい

横須賀線久里浜　1945.10　写真：臼井茂信（2枚とも）

◀　西武鉄道本川越に集められた工事用軽便機関車たち　ケ101号の後は国鉄施設局209号　その奥がケ150号　1954.5

写真：竹中泰彦

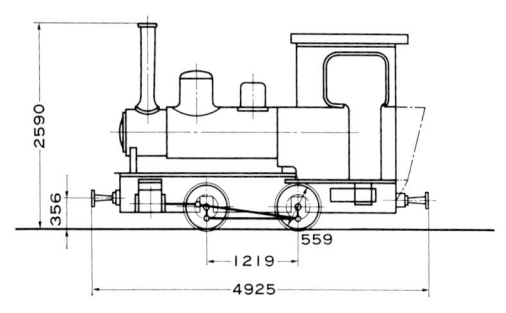

形式ケ100　形式図〔深川造船所製 5.55t〕

2590
356
1219
559
4925

形式ケ 100（深川製）ケ 105 号　終戦直後の疲弊した姿を伝える貴重な記録

横須賀線久里浜　1945.10　　写真：臼井茂信

著者がこれに気づいたのは，深川のケ105，ケ106号を同時に実見し，公報達との違いを知ってからである．早速施設局の機関車台帳の閲覧を請うたわけで，これによると雨宮製のケ105号は車蒸1号，深川製のケ105号は車蒸49号（ケ106号は車蒸50号）で整理され，ケ107号が記載されていないことを確認し，立証できた．いっぽう，工作局の台帳は公報どおりケ107号の存在を尊重しているが，ケ100号をポーター製，ケ101〜ケ105号を雨宮製，ケ106，ケ107号を深川製と記録してあった．明らかに施設局の記録の方が現実に則していた．それにしても，工作局台帳の〈ポーター〉の依って来たりし所以は不可解である．建設局が単独で購入したケ1号（4.3項脚注参照）を認知したとしても，雨宮製6両，深川製2両でなければ辻つまは合わない．なお，ケ100形の価格は1両につき雨宮製が7000円，深川製が8065円（工作局記録，以下同様）で，製造年次を考えると，後者はかなり割高であった．

それはさておき，深川製のケ105，ケ106号は最初は改良事務所の所属で，のちに建設事務所（山口・岡山・広島），最終は新橋工事事務所（横須賀線延長工事）で活躍したので，雨宮と深川のケ105号は同じ現場で鉢合わせすることもなく，終始事無きを得たようだ．廃車は昭和29年度で，ケ105号は昭和30年3月16日付達104号，ケ106号は昭和29年9月14日付達505号によっている．しかし実際にはかなり以前から休車で放置されていたようで，浜松工場の受け持ちで解体された．

〔4.7〕ケ110形　ケ110，ケ111号

改良工事の土工用として，1922（大正11）年1月に日本車輌会社と契約した（西契車第528号），通称6トン（公称5.74t）の軽便機関車である．国鉄が日本車輌に機関車を発注したのは，じつはこの機関車が最初であった．当時，雨宮・深川・日車は軽便機関車の受注を契機に，国鉄の機関車を生産する希望に燃えていたことが想像される．国鉄もまた国内機関車工業の助成に，汽車・川崎・笠戸（日立）以外のメーカーにも意を尽していたことがわかる．

大正11年7月1日付達467号によれば，ケ110（大正11年3月29日），ケ111（大正11年3月31日）の2両が下関改良事務所に配属されている（カッコ内は落成年月日）．製作監督は，工作局の小河原藤吉，岡田新二の両技師で，軽便機関車2両に対する監督では，いささか大げさである．小河原は9900（D50）形の設計者であり，大形機関車論者であったことで名高い．まったく皮肉な取り合わせといえる．

ケ110形はコッペル社のB形ボトムタンクの剽窃的模倣製品で，日車製造の第1号機の流れをくむ形式であった．渡辺肇さんの調査による製造番号は52，53とされているが，ケ110形を証明する写真と図面が見当らないようである．著者は1948（昭和23）年ごろ同社に問合せた結果によれば，多分この形であろう，という図のコピイをいただいた資料が唯一である．また運の悪いことに，ケ110形は工事用軽便機関車のうちでは廃車が早く，1931（昭和6）年9月であった．戦後のしらべでは施設局には諸元表もなく，また台帳にも記載がない．もちろん車蒸番号が与えられた事実も認められず，いまとなっては幻の工事用軽便機関車といえる．機関車の価格は1両3756円の記録でかなり安い．ダンピングしたのであろうか．また契約から竣工まで，他社製品は3〜8ヵ月を要したのに，ケ110形はわずか1ヵ月であった．見込生産品を購入したことも考えられよう．

〔4.8〕ケ150形　ケ150〜ケ153号

深川造船所の機関車を国鉄が最初に採用したのは，この形式である．大正9年度初めに契約され，わずか4両ながら完成は遅れた（未契車第785号）．設計は深川造船所側で，国鉄が承認する形であったことは，雨宮の場合と同様である．製作監督は工作局の小河原藤吉と門司鉄道管理局の紀伊寿次技師である．紀伊は後年（昭和12〜14年）に工作局長の任にあった方である．

ところで，ケ150形はC形サイドタンクで通称6トン（公称6.6t）と呼ばれた．工事用の制式機では軌道負担重量が最少であった．総体的なデザインでは深川の流儀でまとめ，この社で製造した分のケ100形と同調していた．深川造船所では製造番号は他の製品と一連で，機関車だけの製番はなかった．しかし会社に残されていた「蒸気機関車製造実績表」を基に，一部修正して著者が作成した私家版製番表では，39〜42に当る．ちなみに深川製のケ100形

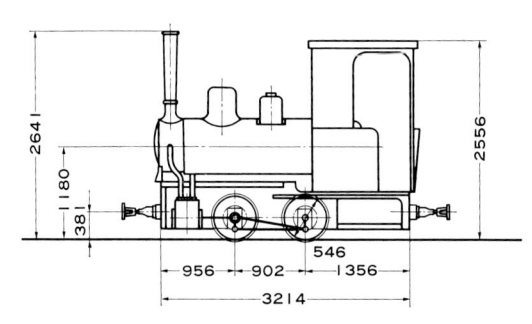

形式ケ110　形式図〔日本車輌製 5.74 t〕
シリンダ146×260 mm，使用圧力12.0 kg/cm²，火格子面積0.25 m²，伝熱面積8.4 m²，シリンダ引張力〔Zc〕730〜974 kg（0.6〜0.8 p），動輪直径546 mm，最大幅不詳，弁装置はコッペル式．

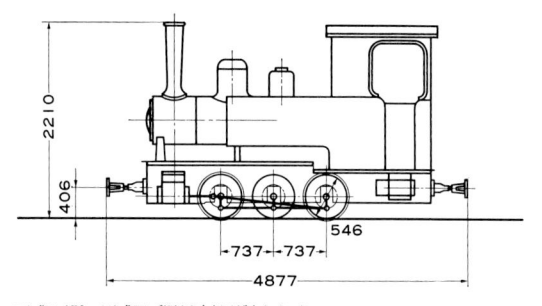

形式ケ150　形式図〔深川造船所製 6.6 t〕
シリンダ140×254mm，使用圧力11.2kg/cm²，火格子面積0.28m²，伝熱面積6.6m²，シリンダ引張力〔Zc〕613〜817kg（0.6〜0.8 p），動輪直径546mm，最大幅1676mm，弁装置はワルシャート式．

形式ケ150　ケ150号　C形では最小の工事用軽便機関車　　　　　　　　西武鉄道本川越　1950.10　写真：臼井茂信

は49, 50となるが，正式なものではないから，見当として受け止めてほしい．ケ150形の価格は1両につき11200円でかなり高い．製造年次の影響も強いが，工事用軽便機関車中，トン当りの単価は最高であった[*5]．

　ケ150形の新製配置は，大正10年4月14日付達353号によれば，つぎのとおりであった．ケ150（大正9年12月28日）1両東京建設事務所，ケ151（大正9年12月28日），ケ152（大正10年2月1日）2両新庄建設事務所，ケ153（大正10年2月1日）1両大分建設事務所．（カッコ内は落成年月日）

　その後の移動が知れる資料は乏しいが，熊本・高知・岡山・岐阜・下関などが挙げられ，一部は信濃川の援兵とな

形式ケ160　ケ160号　　　　　　　　　　　　　　　　　　　　　　　赤穂線坂越　1942.11　写真：牧野俊介

ったこともあるらしい．車籍削除は4両とも昭和28年度
ながら，ケ150号の昭和28年9月2日付達577号のほか
は，公報の達番号・月日は見当らないようである．しかし
この機関車も，1950（昭和25）年ごろから実質的には廃
車状態で置かれていた．

〔4.9〕ケ160形　ケ160～ケ169号

　雨宮製作所に発注した第2回目の工事用軽便機関車であ
る．通称8トン（公称8.37t）のC形サイドタンクで，
1922（大正11）年3月に10両が契約され（酉契車第623
号），約6ヵ月にして竣工した．製作監督は工作局の飯山
敏雄，小河原藤吉の両技師であった．国鉄の新製軽便機関
車は，翌年度以降皆無になり，雨宮製作所は関東大震災の
痛手には打ち勝ったものの，昭和初期の金融恐慌期を乗り
越えずに閉鎖した．もしも順調に進展したならば，後年少
なくともC12形ぐらいは生産していたであろうと，惜敗
の念を禁じ得ない．

　それはさておき，ケ160形は私鉄に普及したC形12ト
ンのサイドタンクの標準形を縮小した感じである．しかし
同じディメンションの機関車は他に見当らないので，既成
設計をそのまま生産に移したとは思えない．雨宮はこのこ
ろ，名技師長の谷十二を迎え入れていたが，煙突以外は，
まだ大日本軌道鉄工部のデザインを踏襲しており，加減弁
などはその典形であった．この社の製造番号は一部推定を
含むが，F. No.305～314であったことに間違いないと思
う．機関車の価格は1両につき8569円で，大正11年とし

枕木のウマに乗せられたケ166号　　　　写真：瀬古龍雄

形式ケ160　ケ166号　　　　　　　　　　　信濃川工事事務所下平　1954.10.3　写真：瀬古龍雄

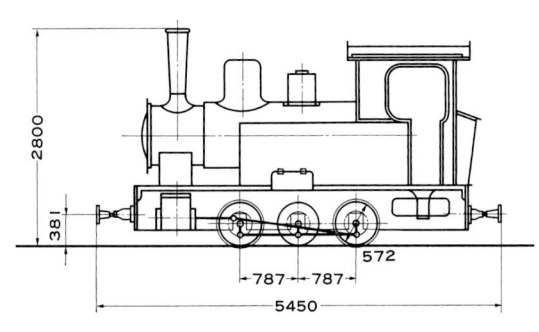

形式ケ160　形式図〔雨宮製作所製 8.37 t〕
シリンダ 178×305mm，使用圧力 11.2kg/cm²，火格子面積 0.36m²，伝熱面積 11.5m²，シリンダ引張力〔Zc〕1135～1513kg（0.6～0.8p），動輪直径 572mm，最大幅 1650mm，弁装置はワルシャート式.

形式ケ170　形式図〔深川造船所製 10.52 t〕
シリンダ 216×305mm，使用圧力 12.0kg/cm²，火格子面積 0.42m²，伝熱面積 16.0m²，シリンダ引張力〔Zc〕1708～2277kg（0.6～0.8p），動輪直径 600 mm，最大幅 1829mm，弁装置はワルシャート式.

ては標準値と考えられる．なお，雨宮はダンピングはやらなかったと関係者から伝え聞く．

　大正 11 年 12 月 20 日付達 961 号による新製配置はつぎのとおりであった．ケ 160～ケ 162（大正 11 年 9 月 19 日）3 両東京建設事務所．ケ 163，ケ 164（9 月 19 日），ケ 165（9 月 22 日）3 両長岡建設事務所．ケ 166（9 月 22 日）1 両大分建設事務所．ケ 167，ケ 168（9 月 22 日）2 両秋田建設事務所．ケ 169（9 月 22 日）1 両新庄建設事務所．（カッコ内は落成年月日）

　その後の転属状況はこれまた逐一たどることは困難である．しかし，ケ 165 号以外はいつの日か上越線建設に参加した経歴があり，ケ 160，ケ 167 号を除く 8 両は晩年には信濃川電気事務所に集結した．除外された上記 2 両の最終は岡山建設事務所（赤穂線の建設）であった．廃車はケ 167 号の昭和 26 年度が最初で，つぎがケ 160 号の昭和 28 年度（処理番号・月日不詳）．信濃川電気の 8 両は昭和 29 年 8 月 16 日付達 448 号で一斉に除籍された．

〔4.10〕ケ 170 形　ケ 170～ケ 185 号
　軽便機関車中もっとも両数が多く，全部で 16 両が深川造船所に発注された．かなり景気のよい話である．という

のも，1921（大正 10）年に省営による信濃川水力発電所の建設が決し，第 1 期の水路工事だけでも当時の金で 3995 万円を，大正 10～17 年度に支出する案が，第 44 議会に提出され協賛を経たからである．

　量産となると，深川は雨宮に比し，工場規模は約 3 倍で有利であった．契約番号など不詳ながら，発注は 1922（大正 11）年 10 月からのようで，製作監督は本省から派遣されなかった．このころから簡素化され，地元の門司鉄道局に委嘱し，古閑正雄，牧野喜太郎の両技師が担当した．

　ケ 170 形は前節のケ 160 形より外観がやや大きく，ずんぐりタイプである．通称 10 トン（公称 10.52t）の C 形サイドタンクで，各部の設計は深川の流儀をよく発揮している．弁装置における偏心棒と結びリンクは，丸棒式である．すでに記した深川製の方のケ 100 形，ケ 150 形，後述のケ 210 形いずれも同一の工法で，慣習にこだわっていない．またいまひとつの特徴は，水タンクの表面などにリベットの頭を見せない沈鋲工法を用いたことで，仕上げの点で雨宮製を凌駕した．

　機関車の価格は 1 両につき，大正 11 年度分が 8400 円，大正 12 年度分が 6950 円で差があるが，値上りは[*5] の注

無蓋貨車に積まれて長野工場に送られるケ 160 形　　　　　　　　　　　　　　　　　　写真：瀬古龍雄

形式ケ170　ケ176号　　　　　　　　　　　　　　　横須賀線久里浜　1945.10　写真：臼井茂信

で納得できる．しかし，いずれもトン当り標準値を大幅に割っている．つまり，このへんから雨宮との対抗上，かなりの値引を深川が実施したことを物語っていよう．

　この機関車の新製配置は，当然信濃川電気事務所である

が，実際には最後の2両は神戸改良事務所に配属された．鉄道公報による配属の達と使用開始年月（カッコ内）──大正12年1月から，従来の落成年月日の記録が，使用開始年月日に改正された──はつぎのとおりである．大正

形式ケ170　ケ176号　　　　　　　　　　　　　　　横須賀線久里浜　1945.10　写真：臼井茂信

冬のケ170形　従業員輸送列車を牽引するケ173号

ケ173号の運転室側窓には防寒用カーテンを装着している

12年5月2日付達261号：ケ170（大正12年3月17日），ケ171，ケ172（3月22日），ケ173，ケ174（3月30日），大正12年8月8日付達537号：ケ175，ケ176（4月16日），ケ177，ケ178（4月26日），ケ179〜ケ183（4月30日），大正13年12月19日付達911号：ケ184，ケ185（大正12年12月29日）。最後の2両はおかしなことに，使用開始後1年を経過して配属の通達を出していることである。おそらく関東大震災で，電気事務所の事業が宙に浮き，現車は現地に送り込まれずに，改良事務所用に転用されたからではないかと思う。ただ国鉄の契約記号番号が不詳で，なんともいえないが，受注側の深川の記録をみると，14両と2両にわかれ，この間に改良事務所向けに製造し

た2両のケ210形が入っている。したがって当初からケ170形は信濃川は14両，改良が2両の予定だったとする見方もある。しかしなんといっても，使用開始と配属の1年の差が腑におちない。この2両は昭和11年に下関改良に移った。ケ170形の製造番号は非公式ながら，51〜64，67，68となる。

　すでに述べたように，信濃川電気事務所は威勢良くスタートしたものの，1923（大正12）年9月1日の関東大震災の影響で，事業は一時中止となり，同年12月20日事務所は閉鎖されてしまった。折角配属されたケ170形は再開の日まで〈じっとがまんの子であった〉わけである。しかしながら，全機を温存させておくこともならず，なしくずしに，ケ172，ケ176，ケ177，ケ179，ケ181号の5両が信濃川を去った。最終的には上記の順で岐阜・新橋・下関・盛岡・下関の各工事事務所に落着した。

　廃車は信濃川から転出したグループの方が，酷使されたこともあってか早い，実際には1945（昭和20）年ごろか

---

*5) 1900（明治33）年を100とする総卸売物価指数／鉄鋼物価指数は，つぎのとおりである（日本銀行統計局資料）．

1919（大正8）年	312／276	1922（大正11）年	259／142
1920（大正9）年	343／259	1923（大正12）年	264／150
1921（大正10）年	265／159	1924（大正13）年	273／129

機関車価格もほぼこれに準じ，この年次範囲では，大正11年が最低で，国産の標準価格はトン当り，1000円を数10円超す程度であった。

初夏のケ170形　ケ178号 1955.5　写真：瀬古龍雄

形式ケ170　ケ178号 信濃川工事事務所十日町　1955.5　写真：瀬古龍雄

形式ケ200　上：ケ200号　下：ケ202号　　　　　　　　　　　　信濃川工事事務所十日町　1955.5　写真：瀬古龍雄（2枚とも）

ら，再起不能の状態で投げやりにされていたものもある．しかし統計上は遅く，昭和28年度にケ172，ケ176*)，ケ179，ケ181**)，ケ184，ケ185**)の6両，昭和29年度はケ177の1両である（*昭和24年5月12日鉄施70号，**昭和28年9月2日達577号）．終始信濃川電気事務所に在籍のケ170，ケ171，ケ173～ケ175，ケ178，ケ180，ケ182，ケ183号の9両は昭和32年8月16日付達465号をもって文書上の車籍削除が完了した．

〔4.11〕ケ200形　ケ200，ケ202号

　すでに解説ずみの湧別線の機関車で，工事用として最後まで定着したのはこの2両である．〔2.3〕章で述べたように，熱海線建設事務所から離れるとき，鉄道公報達に機

関車番号の疑問符を残しながらも，盛岡建設事務所に配置換えされた機関車にも該当する．

　ところで，かつて施設局で閲覧した資料では，ケ200，ケ202号は車蒸12，16号となり，履歴は2両共通で，東京建設→長岡建設→信濃川電気と明記され，盛岡建設の記録はなかった．盛岡建設はおそらく〔4.4〕項で述べた山田線建設に充当する予定であったと推定される．しかしこの材料運搬線の軌道は脆弱で，C形8トン機関車が限度であった．つまり15トンのケ200形は過大のため保留され，盛岡建設には別途ケ160形を送り，ケ200形は東京建設が肩代わりしたと考えられる．実際の使用の有無はともかく，この方から長岡建設管轄の北線に廻ったことになろ

48

形式ケ200　ケ200号　　　　　　　　　　　　　　　　　　　　　信濃川工事事務所十日町　1955.5　写真：瀬古龍雄

うか．これが『上越線工事誌』に記載された「大正15年10月，松川隧道直轄工事着手に至り，さらに15トン機関車2両常備……」に該当するものと思う．

　いずれにしても，1930（昭和5）年12月に上越軽便線での使命を終え，翌春再開した信濃川発電所の材料運搬線に転じたのである．ケ200，ケ202号にとっては，信濃川での在籍期間が最も長く，安住の地でもあった．しかし第3期工事の完了後は眠りにつき，やがて記念すべき軽便機関車も，昭和32年8月16日付達465号で廃車宣告を受け姿を消した．まだ機関車保存運動が盛り上がらぬ時代であったとはいえ，惜しまれてならない．留辺蘂と十日町にでも残すべき好個の鉄道文化財であったのに．

〔4.12〕ケ210形　ケ210〜ケ214号

　深川造船所で改良事務所向けに発注された（戌契車第367号他）通称15トン（公称15.7t）のサイドタンクで，工事用軽便機関車では最大である．深川流儀の手法はよく発揮しているが，ケ170形とは多少趣を異にしていた．まず，加減弁は蒸気ドーム内に収容され，取付管の立ち上がった通常形となり，砂箱はヘルメット形である．前方缶受台は煙室の下部を完全におおっている．製作監督は，最初は工作局の小河原技師が出向したが，大正11年秋ごろから門司鉄道局の技師に一任する制度となった．

　鉄道公報による新製配置は，大正12年2月14日付達56号：ケ210，ケ211（大正11年11月29日），ケ212（12月4日）3両東京第二改良事務所．つぎが大正12年11月16日付達688号：ケ213（大正12年9月19日），ケ214（9月18日）2両神戸改良事務所（カッコ内は使用開始年月日）であった．機関車の価格は1両につき大正11年製が11895円，大正12年製が7930円で，とくに後者の2両は驚くほど安い．雨宮を退け深川の独走となったのは，こ

形式ケ210　ケ213号　　　　　　　　　　　　　　　　　　　　　下関工事局小森江工事区　1951.8　写真：奈良崎博保

のダンピングが主因をなすと考えられる。サイドタンクの平滑仕上げも雨宮と違う点で、深川の奉仕にすぎないと思うが、この工法はほとんどが国鉄に納入した軽便機関車に絞られていたのも妙である。ケ210形の製造番号は非公式ながら46〜48、65、66に当る。しかしこの社ではケ210形を最後に、国鉄発注の機関車はまったく製造を断った。

ケ210形の意外史は、本線土工用に転用のため改軌したことである。改造後も〈ケ〉を失わなかったことはおもしろい。15トン機関車ともなれば、改軌してもプロポーションに無理は生ぜず、製造当初から3′6″軌間の機関車と見あやまるほどであった。改軌により朝顔形の連結器は、一般の自連に変わり、動輪直径や煙突の高さが縮小されたものもあった。改造後の機関車重量は18トンといわれたが、正確な記録はない。統計上はもとのままであった。

改造年次は不明である。しかし昭和22年に著者が小倉工機部で聞き込んだ話では、関門連絡新線工事開始のころ、とのことであったから、1936（昭和11）年7月に下関改良事務所が再開設されたときではないかと思う。ただし書類上の裏付けは、著者にはなにひとつとれていない。

この機関車はいつも幹線筋に存在したので、多くの人々の目にとまり、同好会誌などに報告例がある。著者の実見も含め一例を挙げれば、古くは大船に放置のケ212号（中川清憲）、名古屋新駅工事のケ210号、戦後では下関工事局小森江のケ210、ケ213号（奈良崎博保）、大阪工事事務所向日町修理工場のケ214（中村夙雄）、建設省東北地建に譲渡のケ211号（瀬古龍雄）などである。

廃車はケ212号の1929（昭和4）年7月がとくに早く、改軌も実施されなかったと思う。他は戦後でケ213号は昭和28年9月2日付達577号、ケ210号は昭和29年9月22日付達528号で用途廃止である。ケ211、ケ214号は処理番号・月日不詳ながら昭和29年度中の廃車であった。しかし実際にはもっと早く処分されていた。その一例は、瀬古龍雄さんの調査によるケ211号がその典形で、なんと

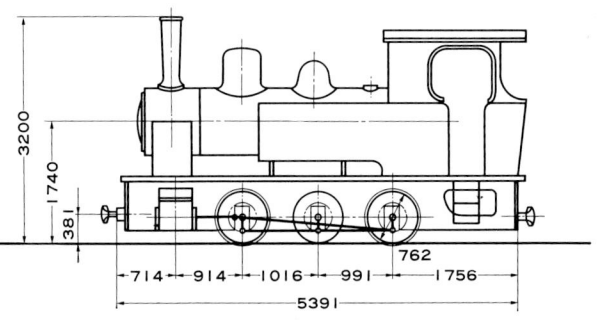

形式ケ210　形式図〔深川造船所製 15.7 t〕
シリンダ 254×256 mm、使用圧力 12.7 kg/cm²、火格子面積 0.62 m²、伝熱面積 29.3 m²、シリンダ引張力〔Zc〕2296〜3062kg（0.6〜0.8p）、動輪直径762mm、最大幅1867mm、弁装置はワルシャート式。

1948（昭和23）年に協三工業が更新修繕をして、翌年すでに建設省の河川工事用に変身していたという。このころの事務的処理の杜撰さは驚くばかりである。

▲　形式ケ210　ケ211号
協三工業構内　1948年頃
所蔵：瀬古龍雄

建設省東北地建 BS-43（旧ケ211号）連結器は三転してバッファ付となる
新江合出張所敷玉見張所
1952.9.27　写真：瀬古龍雄

〔5〕大日本軌道小田原支社線の買収

〔5.1〕軽便軌道のあらまし

大日本軌道社紋

小田原と熱海を結ぶ軽便軌道は、明治期に投機や経済界の魔王とか巨星といわれた〈雨敬〉こと、雨宮敬次郎により豆相人車鉄道の名で開かれた。軌道敷設の特許は、明治23年11月20日（静甲第208号）で、全通は1896（明治29）年3月12日であった。その後小田原停留所の延長があり、特許は1899（明治32）年11月4日に取得した。

軌道を計画した動機は、敬次郎が病気療養のため熱海に赴く途次、悪路にいどむ人力車の乗心地の不快さに耐えかね、レールを敷き客車を人が押す人力軌道を考えついた、と彼自身『過去六十年事蹟』（雨宮敬次郎述、1907年、桜内幸雄）で述べている。しかし、最初の発起人であり、特許取得者は熱海の富士屋旅館主、石渡吉右衛門外20名であったことが事実である。したがって敬次郎はこれを引継ぎ、安田善次郎の資金援助により、工事を促進させたというのが真相のようである。

普通鉄道の形態をとらなかったことは、まだ利用者が少なく、地形も嶮峻であったことが主因をなした。しかしなんといっても、雨敬流に建設費を安価に上げることにあった。法的には当時公布されてまだ間もない軌道条例（明治23年8月23日法律第71号）で出願し、県知事を通じ内務大臣から特許を得れば、線路を公共道路上に敷設できる利点をねらった。しかしこの人車は、1両押すのに2〜3人の車丁（人夫）を要し、人件費のかさむことが悩みの種であり、危険も少なくなかった。そこで敬次郎は機械動力を採用することに決したのである。

ところが、経済観念の強い彼のこと、燃料費の問題などで、動力車の機種選定まで、石油発動機か蒸気機関か、かなりの実験段階を踏んでいる。蒸気については次節で述べるが、けっきょく、液体燃料および無煙炭を使用することと、貧弱な人車の軌道を改修し、軌間も従来の2′から2′6″に改軌を決定した。命令書の更新を受けたのは1906（明治39）年4月24日（内務省静甲第15号）であった。

改修工事施行認可は1907（明治40）年4月24日で、着工は同年8月である。全線の竣工は同年12月22日と記録され、かなりの短期間で完成している。これは鉄道大隊の工事参加に負うところが大であったからと思う。新路線の規格は全長距離25.3km、最急勾配40‰、最急曲線R7.5m、軌条は16ポンドが採用された。法的には依然〈軌道〉で、軌道条例取扱方心得（明治34年10月23日内務省令第17号）による監督を受けたが、社名は明治40年4月以降、熱海鉄道と改称した。しかし一般的には終始、熱海軽便鉄道と呼びならわされている。

雨宮敬次郎が熱海鉄道方式の小規模な鉄道経営を、全国的に拡げる計画をはじめたのは1906（明治39）〜1907（明治40）年で、熊本・静岡・伊勢・広島・浜松・山口・福

熱海軌道の軽便列車　機関車は1907年石川島造船所製　　　　　　　　　　熱海停留所　絵葉書所蔵：臼井茂信

熱海軌道のボールドウイン　製造は 1904 年　F. No. 24520　原形は屋台店形　改軌の際に被いが撤去され　サドルタンクが
延長された　転属の時期は不明ながら　静岡支社で活躍中の写真が残っている　　　　　　　　　　　　　　絵葉書所蔵：臼井茂信

島地区の特許を取得し，軌道会社を興した．それぞれ該当
する地方の資本家も参画するが，株の過半数は敬次郎が保
有するかたちをとった．そして 1908（明治 41）年 6 月 17
日に，それまでに彼の創設した軌道会社 8 社の合併を内務
省に申請し，同年 7 月 28 日に大日本軌道株式会社を設立
させた．社長は当然雨宮敬次郎で，主要役員は敬次郎の娘
婿の雨宮亘と，もと熊本軽便鉄道の社長で弁護士の大淵龍
太郎がその座についた．本社は東京市京橋区築地に設置し，
熱海軌道は大日本軌道の小田原支社となった．

　話は変わるが，鉄道院が東海道本線の国府津—沼津間に
箱根別線を計画し，帝国議会の協賛を得たのは 1911（明
治 44）年である．そして熱海線建設事務所の設置は 1915
（大正 4）年 6 月であった．本線工事の着工は国府津—早
川間は 1916（大正 5）年 12 月で，小田原以南の熱海までは，
大日本軌道線と交錯・横断・平行の連続で，国鉄線が開通
すれば軽便軌道の打撃は必至であった．大日本軌道会社は
山口支社線の場合は補償が得られず，泣き寝入りした例が
あり，今度は補償の請願につとめたわけである．

　補償制度の法制化は地方鉄道法では 1919（大正 8）年，

軌道法では 1921（大正 10）年からであった．小田原支社
の買収は大正 9 年 7 月 1 日で，法的に明確な点を欠くが，
『日本国有鉄道百年史第 9 巻』では「民法の売買契約により，
合意に基づいて買上げ」としている．そして買収額は現金
で 85 万円が建設費予算から支出された．補償買収にこぎ
着けたのは，抵抗なく話がまとまったと考えている．

　つまり鉄道院，とくに熱海線建設事務所の内心は，建設
用材料の運搬線に小田原支社を活用したかったからであ
る．これは後日，吉浜の引込線（大正 11 年 3 月），門川—
宮下間の支線の新設（大正 11 年 11 月），あるいは，関東
大震災後の門川—真鶴間，熱海—伊豆山間の復旧工事を執
拗に上申した事実（鉄道省文書）からも立証できよう．ま
た買収後はもちろん撤去することはなく，即日新たに組織
した熱海軌道組合に貸与し，営業を継続させたことは，両
者にとって満足な方法であったに違いない．

　熱海鉄道の創設者，雨宮敬次郎は 1911（明治 44）年に，
後継者の雨宮亘は 1918（大正 7）年に没し，軌道組合設立
のときの代表者は，雨宮豊次郎（敬次郎の本家，菊島家の
系類から迎えた養子）と，大淵龍太郎であった．小田原支

熱海軌道（小田原—熱海間）**時刻表**（大正 9 年 9 月 16 日改正　アミ版部分は午後）　資料：公認汽車汽船旅行案内　大正 9 年 10 月号．1～2 分差の
上り後続列車があったことに注意．

6.45	7.40	9.15	11.10	12.05	12.30	1.50	3.20	5.20	小田原	8.24	10.25	11.38	11.39	1.13	2.33	4.34	4.35	7.25
7.07	8.03	9.37	11.33	12.27	12.52	2.12	3.42	5.42	米　神	8.03	10.04	11.17	11.18	12.52	2.12	4.13	4.14	7.04
7.22	8.17	9.52	11.47	12.45	1.06	2.27	3.58	5.57	根府川	7.51	9.52	11.05	11.06	12.40	2.00	4.01	4.02	6.52
7.35	8.30	10.05	12.00	12.58	1.19	2.40	4.11	6.10	江ノ浦	7.35	9.35	10.49	10.50	12.25	1.44	3.45	3.46	6.36
8.12	9.06	10.40	12.36	1.32	1.56	3.16	4.47	6.48	真　鶴	7.02	9.02	10.15	10.17	11.51	1.11	3.12	3.13	6.03
8.21	9.15	10.49	12.45	1.41	2.05	3.25	4.56	6.57	吉　浜	6.50	8.49	10.03	10.05	11.39	12.59	2.59	3.00	5.50
8.27	9.22	10.56	12.52	1.47	2.16	3.32	5.03	7.06	湯ヶ原	6.43	8.42	9.56	9.58	11.32	12.52	2.52	2.53	5.43
—	9.51	11.26	1.21	—	2.46	4.01	5.32	7.36	伊豆山	6.13	8.13	—	9.28	11.03	12.23	—	2.23	5.13
	10.03	11.38	1.33		2.58	4.13	5.44	7.48	熱　海	6.00	8.00		9.15	10.50	12.10		2.10	5.00

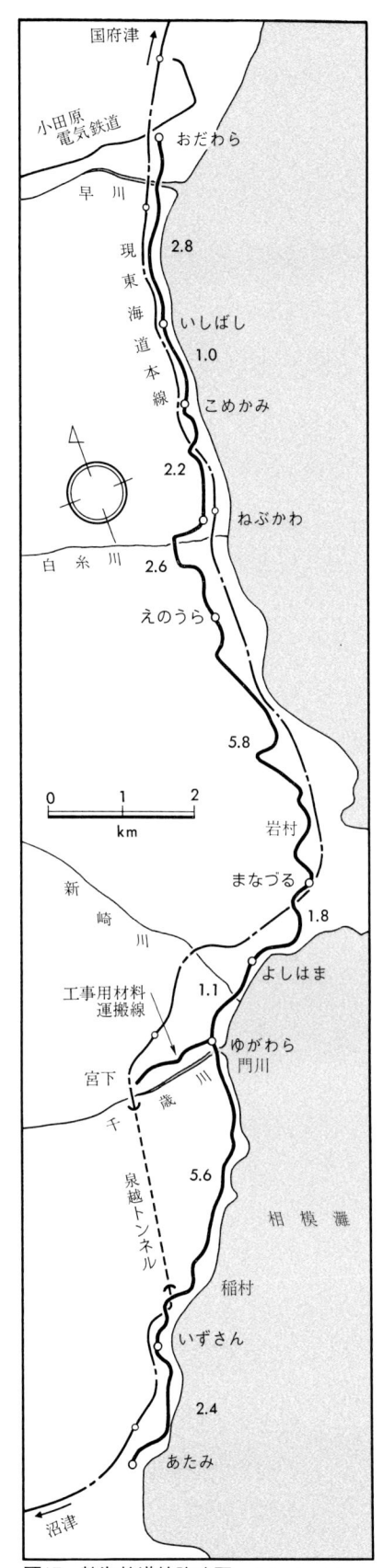

図17　熱海軌道線路略図　数字は駅間距離
（km），大正11年12月21日以降の営業区間は真鶴-熱海

（地図内の注記）
国府津
小田原
電気鉄道
おだわら
早川
現東海道本線
2.8
いしばし
1.0
こめかみ
2.2
ねぶかわ
白糸川
2.6
えのうら
5.8
岩村
0　1　2
km
まなづる
1.8
新崎川
よしはま
1.1
工事用材料
運搬線
ゆがわら
門川
宮下
千歳川
泉越トンネル
5.6
相模灘
稲村
いずさん
2.4
あたみ
沼津

逢初橋を渡る熱海軌道のボールドウイン製1号　　　絵葉書所蔵：市川健三

社線の軌道敷設特許権を熱海軌道組合に譲渡の申請は，買収前の大正9年6月5日付で出願され，買収の日付で鉄道省および内務省が認可している（大正9年7月7日付鉄道公報雑件）．ということは，買収の話が煮詰まった時点で，すでに組合を創立させたことが知れる．買収の対象は物件のみで，従業員は引継がなかった．つまり路線の権利は引続いて民間に帰属したわけで，車輌は国有のものが使用され，不足分は組合側が調達した．この補充は大日本軌道の他支線からの転用とみて誤りないと思う．なお，当時の本社は小田原町十字町二丁目に置いた．

国有民営の熱海軌道の営業は，国鉄線が小田原から熱海まで開通したときまで，という条件であった．したがって，1922（大正11）年12月21日小田原―真鶴間の開通により，この区間の軌道は廃止され，以後営業は真鶴―熱海間に短縮された．車輌類はこの短い線区に集結され，密度は倍になったことはおもしろい．湯河原・熱海が近くなり湯治客の増加と，建設用貨物の輻輳を物語っている．

熱海軌道の廃止は熱海線の全通をまたず，1923（大正12）年9月1日の大震災で終止符を打った．真鶴―熱海間のうちおよそ半分の門川―伊豆山間5.4kmが，まったく復旧不可能までに破壊された．このため熱海軌道組合は打つ手もなく，9月21日付で，神奈川県および静岡県知事を通じ営業廃止届を鉄道大臣宛提出している．不幸はこれにとどまらず，この月の25日に大淵龍太郎は病没した．

震災後，熱海線建設事務所は全線を詳細に調査し，復旧可能の真鶴―門川間と，伊豆山―熱海間を建設事務所の手によって復旧したい申し出をしたが，ついに実現しなかった．前者は引続いて吉浜村舟岡から海運による建設材料を宮下（泉越トンネル北口）まで輸送する目的であり，後者は伊豆山字西足川から熱海停車場まで約560mの運搬軽便線を新設する計画をたてていたからである．

いっぽう，軌道組合は1923（大正12）年10月12日にさきに鉄道院と締結した軌道貸借契約を，大正12年9月1日にさかのぼり解除の申請をしている．この承認は大正13年3月26日付監512号をもって決裁され，熱海軌道は名実ともに消滅してしまったのである．

〔5.2〕熱海軌道の機関車

　大日本軌道小田原支社線の買収で、国鉄が引継いだ機関車は9両であった．しかし記録は両数のみで、製造所別機関車番号などまったく資料を残していない．それというのも、買収でケ番号が付され、車輌として登録されたわけでもなく、ただちに物件として軌道組合に貸与してしまったからであろうと思う．

　ただ熱海軌道発足当時の文献によると、かなり具体的なことがわかる．たとえば、『鉄道時報』の明治41年2月21日号の記事によれば「……先ず米国ボールドウイン機関車製造会社製に係る無煙機関車と言ふを1台見本として横浜のフレザー商会より輸入し、試運転の結果良好なる成績を得て之を採用することとなり、之を模型として石川島造船所にて3台、越中島鉄工所にて2台、池貝鉄工所にて1台製作し、ボールドウイン会社とも都合7台にて目下運転し居るが、1台の制作費は参千円なり」とある．ボールドウイン製は敬次郎がセール・フレザー商会に相談して特注した最初のトラムロコで、第1号機であることは間違いない．しかし2号以下7号は上記の順という証拠はなく、著者はむしろ逆で、池貝が2号機、石川島製が3〜5号機、越中島製が6,7号機とする仮説をたてている．

　池貝製を2号機と推定した理由は、ボールドウイン製をもっとも忠実に模倣したトラムロコであったことと、前掲『過去六十年事蹟』の記述、つまり「此の機関車（ボールドウイン製）は其後数十回運転し好結果を奏し田辺工学博士や近藤工学博士も実地に乗って見て何れも其の結果の良好なのを認定した．処がその後になって磯貝（池貝の誤り）鉄工所で今度は重油と石炭と両方一所に使う事の出来る機関車（併燃式）を造り出した…中略…此れを先日青梅鉄道で試運転して好結果を得た．是で軽便鉄道は必ず実益を挙げる事が出来るものであるという事が分かった」（カッコ内著者注）と述べているので、国産機の採用としては最初と解釈できるからである．

　石川島製はサイドタンク式で全体に屋根がなく、煙室扉は固定され、下端に灰塵取出し口のあるのが特徴であった．運転室は前面を除いてはほとんど開放といえる．越中島製は製造当時の写真や図面が無いので原形は不明である．しかし、この軌道の機関車のうち、ドームふうの砂箱が福禄寿の頭のように長いものがあった．さらにこの機関車の運転室の側面板はコの字形で軒下まで張られた工作であり、おそらくこれが越中島製ではないか、と私は思う．もっとも改造も考えられ、決め手はない．

　ところで、買収両数は9両であったから、その後の増備は単純な計算では2両増加となり、常識的には雨宮鉄工所製となろう．しかし『統計資料』をみると、1両はすでに開業の翌年、明治41年度に増備され、大正元年度で1両減じ、大正3年度に8両へ復帰している．そして9両となったのは大正6年度である．大日本軌道は特定な支社間で機関車の交流があったことは事実である．したがって、小田原支社だけの調査では結論はでない．

　ここで問題なのは8番目の機関車の製造所であろう．雨宮鉄工所は1907（明治40）年11月に開設しているが、そのころはまだ機関車の新製はできなかったと考えられる．それはすでにお気付きのとおり、熱海鉄道開業に備えた機関車は、全部他社製であったことからも肯定できよう．いっぽう、現在判明している雨宮鉄工所製の最古は伊勢支社向けに製造した1908（明治41）年7月製である．この年は新製できたか、できなかったのかギリギリの時期であった．それで熱海鉄道に入線した8番機も、伊勢支社の機関車と同時に製造されたグループとすれば、雨宮鉄工所製といえる．しかし1両だけ開業の翌年に増備され、つぎの増備は後述のとおり4年後であることから、あるいは開業前に越中島に発注したのは、石川島同様3両で、明治41年入線の1両は完成遅れの伏兵という落し穴も想定できよう．さらにこれがのちに二代目5号に改称されたふしも見えるのである．大正3年と6年度の増備は、雨宮製に間違いない

〔参考写真〕大日本軌道伊勢支社キ21　現在判明している範囲では　雨宮鉄工所最古の機関車で　〈へっつい〉の典型である　後部が細くなった水タンクが特徴　機関車重量3.6t　固定軸距1067mm　シリンダ114 × 254mm　使用圧力9.8kg/cm²　火格子面積0.27m²　伝熱面積6.8m²　シリンダ引張力〔Zc〕382〜509kg（0.6〜0.8p）　動輪直径508mm　弁装置はスティヴンソン式

中勢鉄道久居　1939.1.4　写真：臼井茂信

と思うが『統計資料』からの判断では他支社からの転属としか思えない．この時期には〈へっつい〉*6)機関車は，もはや新製はしていないのである．

　買収後の機関車の陣容は，軌道組合の発足当初，省有機9両，組合機2両であり，営業廃止時は省有9両，組合4両，借入2両計15両（熱海軌道組合第1回および第6回営業報告）であった．この15両という数は，軌道組合が調査し，熱海線建設事務所を経由して鉄道大臣宛提出した大正12年10月18日付の「震災被害報告」でも裏付けがとれる．つまり，地震発生時に存在した機関車の位置と番号は，真鶴：3，13号．湯河原：1，2，4，5，7，8，9，11号．湯河原—稲村間（通称廿八丁）：10号．伊豆山：6，14号．熱海：12，15号の記録で欠番はない．

　このように晩年は大世帯であり，番号と所有者の区別も定かでなかった．そのうえ1〜7号が開通以来のものであったかどうかも疑わしく，それだけに改装や部品の交換，とくに水タンクの乗せ換えなどで姿が乱れていたようである．たとえば雨宮製には後方が細くなった独特の形態のタ

ンクがあったが，これを他機に流用したり，前後逆向きに設置した機関車も出現している．おそらく軸重のバランスに腐心したのであろう．

　震災による機関車の被害は，15号の一部破損のほかは無傷であったのは意外である．しかし軌道廃止後の処理については明確でない．ただ軌道組合所属機はこの機にブローカーに売却したらしい．しかし国鉄買収機は一部の客車とともに，建設や改良事務所に送られたようである．判明している機関車は最終的に東京改良の5号（小熊米雄確認），鷹取工場技能者養成所の標本車7号（現在は熱海駅前に展示）と，現車確認ながら東京第一改良所属の車蒸42号（推定3号）くらいであろう．

---

*6) とくに定義はないが，ベルペイヤ式の小形ボイラで低位置にあり，投炭も運転も座り込む格好で行う3.5トン機関車．語源は志賀直哉の小説『真鶴』の一節「どうだ，このボイラーの小せえ事，恰でへっついだな」に由来する．サイドタンク式で製造したのは石川島造船所が最初と思う．

旧熱海軌道7号（1907年製）1969年鷹取工場で復元　定説では〈池貝〉または〈雨宮〉とされているが〈越中島〉と推定できる　1969.4.17　写真：安保彰夫　　　　下は　国鉄鷹取工場技能者養成所標本車時代の7号　　　1963.3　写真：宮田寛之

〔6〕魚沼鉄道の買収

〔6.1〕魚沼鉄道のあらまし

魚沼鉄道社紋

17世紀の中ごろから〈縮〉の機業地として発達した新潟県の小千谷も，明治の半ばすぎまでは，交通の要衝とはいいながらも山間隔絶地でもあった．交通路は信濃・魚野両川の舟運と，いくつかの街道の荷馬車にたよっていた．

しかし，1908（明治41）年に北魚沼郡の千田村に陸軍の工兵第13大隊が駐屯して以来，北越鉄道（いまの信越本線の一部）の来迎寺と小千谷に至る道筋が貨客の往来がとくにはげしくなった．これに着眼したのは，長岡の実業家，木村松二郎[*7]であった．彼は中条町（現在は十日町）の素封家，岡田正平を説き出資の協力を求め，来迎寺—小千谷間の魚沼鉄道敷設を計画した．岡田はのちに第41代新潟県知事（地方自治法公布後初代）として知られた人でもある．木村は地元小千谷の有力者に呼びかけたが，予期に反してあまり賛同が得られないまま，鉄道敷設の準備が押し進められた．これは発起人たちと，株主および持株の関係をみても明らかである．岡田を柱としてほとんど長岡の人の資本で固められ，地元は山本晋，高野又七が形ばかりに名をつらねた．ただ変わり種は，越後に関係のない藤田重道が加わっていたことである．藤田は北海道炭礦鉄道汽車課長，日本鉄道大宮工場長を経て，天野工場（日本車輛東京支社の前身）を経営，のち雨宮敬次郎と共同で雨宮鉄工所を開設した一流の技術者でもある．おそらく技術的

に疎い発起人たちが，顧問を求め参画を仰いだものと想像される．これは後述のように，最初の機関車購入に大きな影響が現われる．

鉄道の計画は小規模で，動力は蒸気，軌間は2′6″であった．出願は1910（明治43）年2月9日になされたが，仮免許状の交付は早く，同年5月12日である．ただ条件として「政府で必要と認めたときは，軌間を3′6″に拡張すること」の一項があった．当時は私設鉄道法によっていたとはいえ，一地方の交通機関にすぎないのに，とくに条件を付された理由は明確でない．

魚沼鉄道会社は1910（明治43）年10月，資本金20万円で発足した．取締役社長は岡田正平で，専務は木村松二郎，藤田重道などであった．本社の位置は発起人と小千谷の出資者の対立で，来迎寺か小千谷かでひと波瀾があり，やっと後者に決定された．そして着工による本免許の申請の時点で，そのころ公布されたばかりの，軽便鉄道法の指定に切り替えの請願を行った．指定命令書は明治43年10月4日付監1434号で交付された．魚沼鉄道は期せずして，軽便鉄道（法）の指定第1号に浴したのである．

鉄道工事は平易で，明治43年10月21日に起工し，翌1911（明治44）年9月14日に開業した．線路延長は13kmで，線路規格は最急勾配11.1‰，最急曲線R120m，軌条は20ポンドが使用された．トンネルはなく，橋梁は径間15フィート4連（約58.3m）が平沢—小千谷間の茶郷川に架けられていた．駅は来迎寺（官線連絡，駅舎は別棟）・片貝・高梨・小栗田原・平沢・小千谷の6駅で，車庫は来迎寺に置いた．一時期に池津・八島の2駅を開設したことがある

魚沼鉄道開通ごろの列車　機関車は買収されなかった雨宮製の角形サドルタンク　　　　　　　　　　　　小千谷　絵葉書所蔵：白土貞夫

が，国鉄買収時までには廃止されている．旅客列車の運転は 1919（大正 8）年の全盛期で 5 往復．買収当初は 4 往復に減じ，いずれも夏なら陽のあるうちに終列車，という当時の生活様式を感じる局地的な営業であった．またこの地方は名にしおう豪雪地帯で，積雪時の運休は日常茶飯事でもあった．

会社の営業成績は良好で，大正 5 年度からは，軽便鉄道補助法による補助金交付の対象外となるほどに益金を得ていた．その主因は魚沼 3 郡の主要物産たる米や養蚕の作柄が良く，価の高騰で住民の購買力と往来が活発化したことを挙げている．また貨物収入も意外に伸び，『大正 8 年，第 19 回営業報告』によれば，「貨物ハ普通物ノ外上越鉄道及水電建築材料並ニ魚沼鉄山ヨリ搬出ノ礦石等特殊物モ多量ニ……」と記載がある．

ところで，上越線用の資材輸送は，同線の着工年月からみて納得できる．しかし水電の方は，国鉄千手発電所向けなら，材料運搬は大正 10〜12 年でなければ辻つまが合わず，盛んだったのは，魚沼鉄道の買収前後といえる．それで魚沼奥地の民間電力会社向けではないかと思われる．ただし具体的な発電所名は定かでない．つぎの魚沼鉄山であるが，沢田久雄編著『日本鉱山総覧』（日本書房，1940 年）によると，鉱区は北魚沼郡藪神村・須原村（現在名は広神村・守門村），つまりいまの上越線小出から入った只見線東側の山であることが知れる．小千谷までの輸送は車馬と舟運の併用と思うが，上越北線開通以前の本線鉄道連絡は，小千谷→来迎寺の魚沼鉄道にたよるしか方法がなかったのである．それにしても，積換えの労は想像にあまりある．

いっぽう，『小千谷市史』（1967 年）では魚沼鉄道における鉱石運搬にはまったく言及していない反面，貨物の主要物品を信濃川の砂利としている．舟運による鉱石の積換えや，砂利の積込みとの混同も考え得ることである．いずれにしても，魚沼鉄道会社では，1913（大正 2）年 9 月に信濃川川戸荷揚場設置の届出をしている．

会社の全盛期といえば，来迎寺から長岡鉄道の西長岡まで，6.7km を軌間 3′6″ で新設を出願し，在来線を改軌する計画をたてた．認可は大正 7 年 4 月 17 日付で取得している．しかし，延長線の方は 1919（大正 8）年 10 月に長岡鉄道に権利を譲渡してしまった．もちろん在来線も改軌せずに終ったが，延長線の準備段階で購入したカーネギー社製 40 ポンドレール 4km 分が，在来線の交換に 3 セクションにわたって転用されたという．著者がはじめて魚沼線を

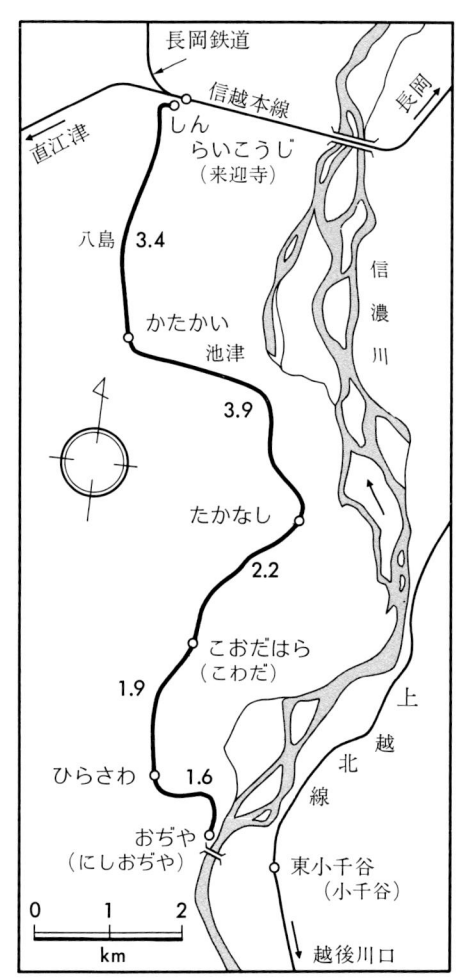

図18 魚沼鉄道線路略図 数字は駅間距離（km）．カッコ内駅名はのちの改称

訪ねたとき，軽便にしてははばかに太いレールの印象を受けたが，後日上記のように理由が知れた．

さて，魚沼鉄道の経営も黒字が続いたのは，大正 9 年度までであった．つまり国鉄の上越北線は 1920（大正 9）年 11 月に，宮内—東小千谷（いまの小千谷）間が開通し，翌 10 年 8 月には越後川口まで延長されたからである．小千谷の街と上越北線の駅は，信濃川に架かる旭橋ひとつで結ばれてしまったわけである．信濃川左岸の奥地との通過貨物はとにかく，客貨はほとんど国鉄線に奪われてしまった．会社はついに大正 10 年 12 月 21 日付で，鉄道営業廃

---

*7) 元来は木村組と称する運送業者であったらしい．彼は魚沼鉄道開通のころ，個人で長岡市内の城岡—下中島間に軌間 2′6″，延長距離 2.5km，資本金 4 万円の蒸気動力による貨物専用軽便鉄道の敷設を出願している．目的は長岡駅と信濃川の舟運による荷物の連絡にあった．免許は明治 44 年 7 月 18 日付で交付され，さらに同年 10 月に施工認可まで受けながらも，指定期限の明治 45 年 1 月までに着工できず，魚沼鉄道の成功とは裏腹に免許失効となるに至った．『鉄道年報』に記載の鉄道名は，木村（個人）であるが『鉄道院文書』では出願の名称は木村運送鉄道としている．

魚沼軽便線（来迎寺—小千谷間）**時刻表** （アミ版部分は午後）
資料：ポケット汽車汽船旅行案内　大正11年9月号

6.30	9.12	2.39	5.34	来迎寺	8.23	10.56	4.20	7.15
6.44	9.25	2.52	5.47	片 貝	8.12	10.45	4.09	7.04
6.56	9.37	3.04	5.59	高 梨	7.58	10.32	3.56	6.51
7.04	9.45	3.12	6.07	小粟田原	7.50	10.24	3.48	6.42
7.11	9.52	3.19	6.14	平 沢	7.43	10.17	3.41	6.36
7.16	9.57	3.24	6.19	小千谷	7.36	10.10	3.34	6.29

止認可申請書を提出するに至った．もちろん会社は以前からこの事態を予測し，上越線対策を考えていた．『営業報告』には具体的記載はないが，大正10年上期に「其筋に依頼しているので，相当の成果が報告できる」旨を自信をもって全株主に伝えている．言葉は悪いが裏から手を回した意にも解される．

それというのも，当初は補償を得て営業を廃止することにあったが，急に政府買上げのうえ，沿線住民の要望ということで，営業継続の運動に変わったからである．当然政治的な動きが活発となり，当時の第一党政友会の威をかりることになった．そして激しい憲政会の反対攻勢を押し切って，政府買収に導いたのである．その推進者は小千谷の大地主で，多くの会社役員を兼ね，さきに述べた魚沼鉄山の鉱業権者，株式会社鉄興社にも関係した西脇済三郎といわれている．

ここでちょっと，会社経営者と株主について触れてみると，創設当初の役員は1913（大正2）年1月早くも全員辞任しているのである．本社設置の問題でも知れるように，最初から人的対立に難があったようにも思える．そして代表者は長岡在住の事業家，丸山恵次郎に代わり，1919（大正8）年には社長に選任されている．そして大株主は丸山・西脇に移っており，岡田はお義理程度に縁をつないだ．本社の位置も小千谷町にあったものを，1913（大正2）年9月に城川村大字千谷川（現在は小千谷市に編入，当時の小千谷駅の所在地）に移し，来迎寺村（いまの越路町）に支店を置いた．また魚沼鉄道会社の出資者には，栃尾鉄道の社長渡辺藤吉の名もみえたが，岡田・木村・渡辺は長岡鉄道および寺泊陸海運輸会社の経営に鞍替えし，実質的には晩年の魚沼鉄道とは関連をもたなかった．

そのようなわけで，鉄道は廃止どころか存続で，国鉄線として営業が継続されたのである．買収の理由は，そのころの殺し文句〈軍事上の見地〉を第一に挙げたことと，改正鉄道敷設法，別表55「新潟県来迎寺ヨリ小千谷ヲ経テ岩沢ニ至ル鉄道」を適用している．この法の公布そのものは大正11年4月11日（法律37号）であるが，じつは大正10年1月17日に第28回鉄道会議ですでに審議可決したものであった．この敷設法は，原敬内閣の有名な政策で，当時の鉄道大臣は元田肇であったが，議会通過のためには次官の石丸重美が献身的な努力をしたとされている．とにかく考え方によっては，この第55項は赤字の魚沼鉄道を存続させるためつくられた条項とも勘ぐりたくもなる．現にこのようなデメリットな線区は，いまもって話題にもならない．それはとにかく，魚沼鉄道は公債交付額53万4300円で政府に買収された．そして大正11年6月15日から省線として再出発したのである（鉄道省告示第60号，大正11年6月10日）．

民営の狭軌軽便鉄道は買収されると，ただちに改軌工事が実施され，亜幹線またはこれに準ずる線区に変貌するのが普通である．しかし，魚沼線は現実に差し迫った改軌の理由もなく，袋小路の狭軌線のままにおかれた．国鉄の信

濃川発電所の建設工事は1923（大正12）年12月で一時中止となり，小栗田原の工兵第13大隊も，第1次世界大戦後の軍縮で，1925（大正14）年4月に廃止されてしまった．魚沼軽便線の価値は昭和時代を待たずに，かげりに没したのである．鉄道の買収は，所詮政治家の党勢拡張に利用されたにすぎない．といっても過言ではないであろう．それでも，軽便の歴史は細々と続くが，第2次世界大戦たけなわの1944（昭和19）年10月15日を最後に，改軌されることもなく休止の名目で消えていったのである（運輸通信省告示483号，昭和19年10月5日）．

〔6.2〕買収されなかった機関車　1，2号

開業に準備した機関車は，雨宮鉄工所製の5トン半B形サドルタンク式2両であった．水タンクはカマボコ形の角サドルである．ベルペイヤ火室を採用したボイラをもち，機関車そのものは〈へっつい〉形を一回り大きくした形式といえる．設計はそのころの技師長，藤田重道であることが最近判明した．したがって魚沼鉄道の役員として，彼がこの機関車を推奨したことも容易に想像できよう．他の鉄道に直接同形機を供給した例は，大日本軌道の福島・広島支社と鞆軽便鉄道が知られている．

魚沼鉄道におけるこの機関車の設計認可は，明治44年7月26日付監2314号であった．当初は石炭と薪の併燃で使用したと伝えられ，薪はこの地方では安価で入手容易であったからと思う．しかし引張力に難があり，やがて次節で述べるコッペルの機関車に抗せず，1917（大正6）年11月に鉄道材料社に2両同時に譲渡された（正式には大正6年12月15日申請，大正7年1月14日付監16号認可）．譲渡先の経営者は佐藤秀松で，彼は雨宮敬次郎の腹心で姻戚関係でもあった．したがって中古機関車の売買には，雨宮鉄工所の門をくぐり，更新修繕が行われたことは当然で，いわば雨宮の中古部的存在であったといえる．

さて，この機関車の行方であるが，文書上で明記されたものは見当らない．ただし著者の推定では，大正7年3月11日付監296号をもって，馬車軌道から蒸気動力に変更した登別温泉軌道と考えている．というのは，登別は大正6年12月19日に同形の中古機関車2両の使用認可を受けているのである．しかも添付の書類は雨宮鉄工所で作成されたものを『鉄道院文書』で確認している．ただシリンダ直径の記載数値に疑問を残すが，経歴は間違いない，と私

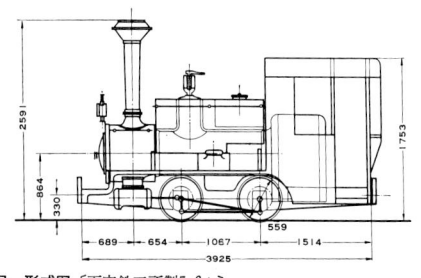

魚沼鉄道1，2号　形式図〔雨宮鉄工所製5.6t〕
シリンダ 140×305 mm，使用圧力 9.8 kg/cm²，火格子面積 0.3 m²，伝熱面積 10.7 m²，シリンダ引張力〔Zc〕619〜825 kg（0.6〜0.8 p），動輪直径 559 mm，弁装置はグーチ式．

「魚沼鉄道線茶郷川の景」　雨宮製角形サドルタンク機のひく列車　　　　絵葉書所蔵：白土貞夫

は確信する.

〔6.3〕ケ120形　（旧3，4号）

　コッペル製のB形タンクで，製造所では30PS形と称している7.3トン機関車である. 著者の提唱するホイールベース方式による分類では，〈グループB1500ミリ〉にはいる. 一見ありふれたようなコッペルではあるが，車軸間距離の寸法からみれば，同形は日本内地には4両しか存在が確認されなかった. つまり，拙稿「静岡鉄道駿遠線2」（鉄道ファン247号，1981年）で述べた武岡軽便鉄道の2両と，この魚沼鉄道の2両がそのすべてである.

　魚沼鉄道は最初1912（大正元）年10月に設計認可を申請し，同年12月2日付監2153号をもって認可を得た. これを3号機としている. 増備の4号機はまったく同形のため認可に問題はなく，大正3年5月21日付の機関車増加

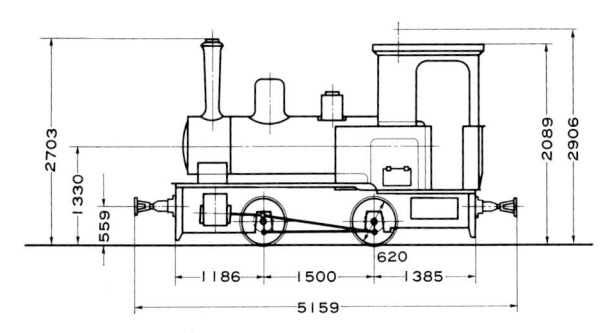

形式ケ120　形式図〔コッペル製 7.32 t〕
シリンダ 170×276 mm，使用圧力 12.3 kg/cm²，火格子面積 0.3 m²，伝熱面積 11.7 m²，シリンダ引張力〔Zc〕949〜1266 kg（0.6〜0.8 p），動輪直径 620 mm，最大幅 2906 mm，弁装置はワルシャート式.

届で簡単に処理されている.

　この2両のコッペル社における製造番号と製造年は，3号（ケ120）については不詳ながら，4号（ケ121）は現車確認で，F. No. 7040-1913であることは明確である. なお，コッペルの機関車は，製番・製造年月を記した納入表（以下単にコッペルのリストと略）が刊行[8]されているので，これによって3号機を推定すると，オット・ライメルス社向け F. No. 6076-1912ではないかと思う. また，このリストでは，F. No. 7040は01.14（1914年1月製の意）と記され，納入先が武岡軽便鉄道としてある. この鉄道の調査では，購入したのは F. No. 6318・6319の2両しかない. しかし増備の仮契約があったことは考え得ることで，このキャンセルを代理店のオット・ライメルス社が，魚沼鉄道の第2回目の注文に振り向けたのかも知れない. またコッペルのリストの製造年と銘板記載年では1年の差を生じている. だが，これは年末から年始にわたり完成したと解され，製造年月日の定義づけの違いにすぎない. どこのメーカーでもよくある例である.

　買収により国鉄に編入された機関車は，この3,4号の2

---

*8) O&K Dampflokomotiven Lieferverzeichnis 1892-1945（Roland Bude jun. 編著，Verlag railroadiana 1978年発行）英語版もある. 日本向けのものは，納入先を代理店までしか記載されていないものが多い. 愉快に思ったのは，この中に説明なしに拙著『機関車の系譜図』（1973年）に用いたコッペルの各種煙突図が，そのまま掲載されていることである. この図は日本に来たコッペル社の組立図から，私が選び煙突部分だけ作図し直したものである. 先方にとっては逆輸入したことになる.

形式ケ120　ケ121号　菱形金網の火粉止は1938年に付したようだ　　　　　　　　　　　　　　来迎寺　所蔵：交通博物館

〔**参考写真**〕中遠鉄道二代目4号　南越（武岡）鉄道からの購入機で　当初は無番号で使用　著者の分類ではB1500ミリの
グループ　わが国に輸入されたこの形式は　魚沼鉄道（上のケ120形）の2両と　武岡軽便鉄道（1917年　武岡鉄道に改
称）の2両がすべてである　コッペル社製 F. No. 6319-1913　　　　　　　　　　新袋井　1937.1　写真：臼井茂信

ケ203号のひく混合列車　　　　　　　　　　　　　　　　　　来迎寺　所蔵：交通博物館

両である．これらは大正11年6月15日付達419号をもっ
て形式ケ120，番号ケ120，ケ121と命名され鉄道省に引
継がれた．当時狭軌軽便機関車でB形は，ケ100，ケ110
の2形式のみであり，命名は単純に順を追った．

　国有後は名称も新たな来迎寺機関分庫に所属し，引続き
魚沼線で活躍したが，ケ120号の方は1934（昭和9）年5
月早くも廃車された．製番の確認など趣味的観察報告が
残っていないのも，このためといえよう．僚機ケ121号は
1944（昭和19）年10月の営業廃止時まで残った．用途廃
止は昭和23年度末で，それまでは，次節の転入機関車と
ともに長岡機関区に保管されていた．

〔6.4〕転入機関車　ケ203，ケ240号

　魚沼軽便線は赤字で営業廃止寸前の私鉄を，政府が買収
し，鉄道省が運営したわけである．いまの時世からみれば
じつに奇異に感じよう．当時の国鉄としては，少々営業係
数の悪い線区があっても，主要線の黒字で補填し，政府は
公平分配論をかざしていたのである．

　魚沼線の列車は臨時でもない限り，1日1列車が4往復
する程度で，稼働機関車は1両で足り，信号も全線一閉塞
ですんだ．しかしここでもゆとりを示し，国有後に1926（大
正15）年には〔2.3〕章で記したケ203号が，熱海線建設

事務所から転属になっている．さらに両備鉄道の買収機ケ
240号（12.4章で記述）が転入になり，昭和8年度は来迎
寺分庫に4両も配属されていた．大形機は冬期の除雪用と
いう目的もあった．もっとも，翌年度のケ120号の廃車で
常駐は3両となり，これが狭軌魚沼線の廃止まで定着した．

　さらに末路は一蓮托生，休車のまま長岡機関区に蟄居の
身となった．そしてケ203号は昭和21年12月17日付で
栃尾鉄道に譲渡され，その社の30形15号として返り咲い
ている．このことは『鉄道統計年報』でも昭和21年度の
ケ200形1両減で知れる．それなのにかかわらず，譲渡認
可は昭和23年3月1日付で，ここでも〔4.12〕章で記し
たように終戦直後とはいえ，事務的杜撰さを露呈している．
瀬古龍雄さんの調査によれば，栃尾鉄道では昭和26年6
月以降はあまり使用されず，昭和31年4月30日付で廃車
届提出をなし，間もなく解体されたそうである．

　いっぽう，ケ240号は小林宇一郎さんが，かつて寄せら
れた報告によると，廃車は昭和24年3月15日付で，長野
工機部技能者養成所に送られた由であった．しかし，教習
目的ではなく，長野市郊外の朝陽にあった養成所の寄宿舎
の暖房用ボイラに化けたという．〈生ける屍〉はトルスト
イの戯曲だけではなく，機関車の世界には例が多いようだ．

〔7〕千葉県営鉄道久留里線の買収

〔7.1〕千葉県営鉄道の起こり

千葉県記章

鉄道唱歌東海道篇で，《海のあなたにうすがすむ　山は上総か房州か》と歌われた地は，鉄道の恩恵を受けたのは意外に遅く，明治から大正期に移らんとするころからである．もっとも上総国でも太平洋岸は 1899（明治 32）年末に大原まで通じていたが，東京湾沿いと安房国は皆無であった．鉄道の実現を遅らせた主因は，江戸時代から内湾航路が発達し，徳川幕府以来の渡船営業権などが尾を引いていたからとされている．しかし，まったく計画がなかったわけでもなく，1895（明治 28）年ごろ，すでに軍部では館山港の軍艦停泊と，富津砲台の関係において主唱されていたといわれる．また翌 1896（明治 29）年第 9 回帝国議会で，鉄道敷設法案第 1 期線追加に提出されながらも，否決されたいわくもある．下って房総鉄道会社は，1898（明治 31）年 10 月に蘇我―木更津間の免許を得ている．しかし指定の期日までに着工できず，1904（明治 37）年 10 月に失効になった．いずれにしても，このころは日本列島の文化的龍骨から東にはずれ，行き止まり地域であったことも影響していよう．

それはとにかく，1906（明治 39）年に国有鉄道法が実施され，主要鉄道の統轄が鉄道院の手になった．そして一応の落ちつきをみた 1909（明治 42）年に焦点を合わせ，千葉県下の鉄道網をみると，北部に偏していることが歴然と読み取れる．つまり，廃藩置県前に栄えた半島部の主要都邑は鉄道と隔絶されていたのである（図 19）.

話は変わるが，1908（明治 41）年 3 月に第 11 代千葉県知事として，内務省大臣官房から有吉忠一が就任した．知事が第一に感じ取ったのは，上記のような鉄道の南北不均衡の是正と，殖産上必要な小鉄道の建設計画にあった．したがって，有吉は地方自治体が鉄道経営に乗り出した最初の人といえる．多額の予算を必要とする鉄道を，県自ら実行することは，かなりの困難がともなう．しかし有吉知事は，千葉には他県にない独特の鉄道聯隊が屯営しており，鉄道材料廠も設置されたことに着眼した．つまり軍用軽便鉄道の平時利用を考えたわけである．当時陸軍は日露戦争で増備したぼう大な量の軽便鉄道の器材を保有し，保管にも手を焼いていた状況にあった．有吉知事の発想に対し，陸軍は協力的に受け入れ，県にとってはかなり有利な条件を引き出している．

県営鉄道の最初の計画は，東京湾沿いの千葉―木更津間 21 マイル（33.6km）であった．この内容は 1909（明治 42）年 10 月の『臨時千葉県会議事録』および『千葉県報』所載の明治 42 年 12 月 26 日付県令・告示などから詳しく知れる．だが，本稿では冗長になるので要点だけを述べよう．まず明治 42 年度の予算は県債を含め 32 万 6750 円で，一般の歳入歳出と区分した特別会計であった．鉄道の様式

〔参考写真〕軍用軽便鉄道の機関車は双合式　軌道は原則として鉄製枕木とレールが一体となった軌匡（ききょう）を使用した　　千葉市椿森　1937.5　写真：臼井茂信

は軌条・枕木・機関車・車輛など一切軍用軽便鉄道を導入し，敷設工事も演習として陸軍の兵士が行い，完成した鉄道を鉄道院に又貸しするという特殊な方法である．

また，運転や保線など技術要員は，やはり将兵に委嘱し，直接的な人件費を削減するところまで考えた．当然鉄道院が営業上収支償わない場合は，不足に対し県が負担する条件を付し，鉄道院の内諾を取っている．いわば陸軍協賛の〈県有国営鉄道〉とでもいうべき形態を予定した．この特

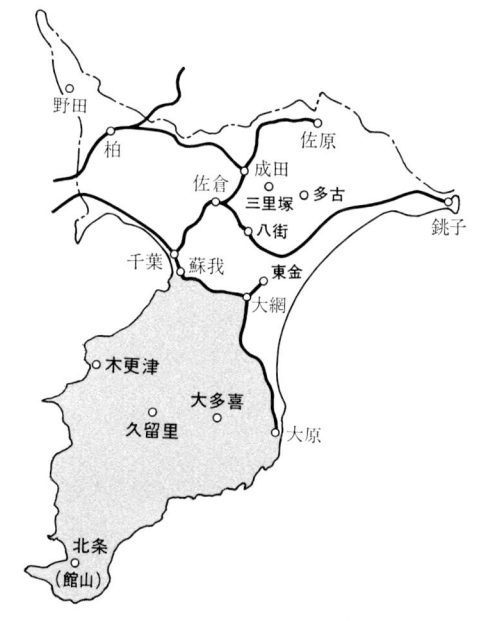

図19　明治42年における千葉県下の鉄道　　鉄道の分布は北に偏し，蘇我―大網―大原を結ぶ線より南にはまったく見られない．

図20 千葉県営鉄道久留里線線路略図

数字は駅間距離(km). カッコ内駅名はのちの改称, 漢字は国有後.

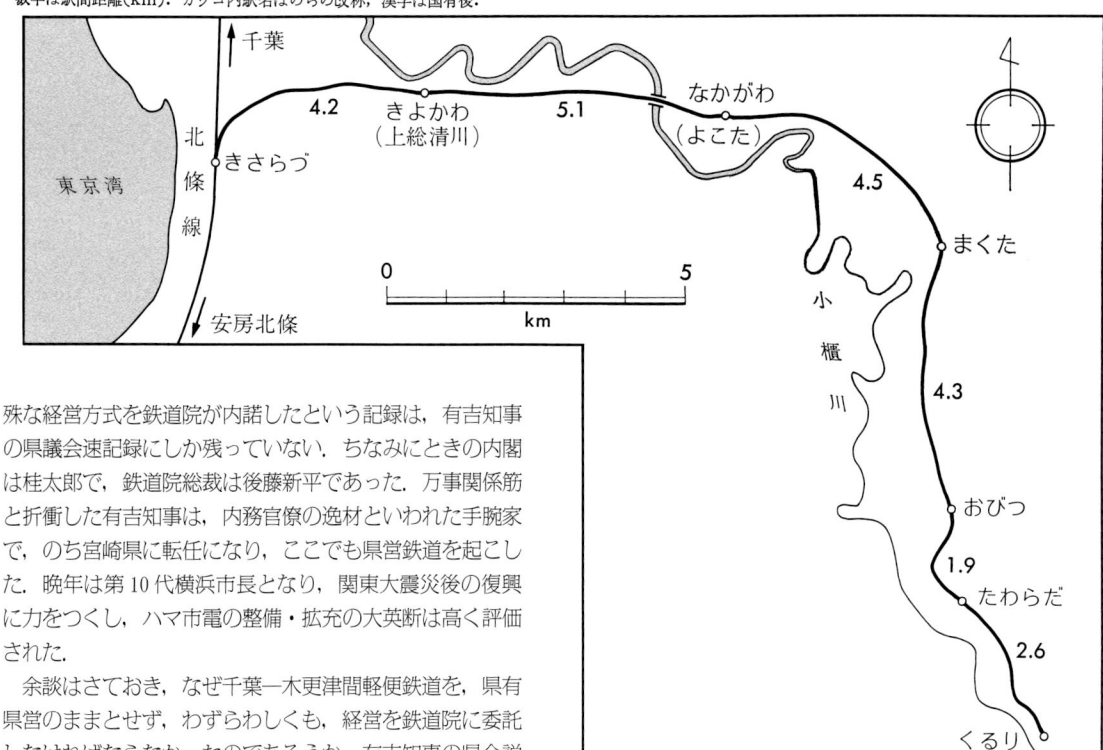

殊な経営方式を鉄道院が内諾したという記録は, 有吉知事の県議会速記録にしか残っていない. ちなみにときの内閣は桂太郎で, 鉄道院総裁は後藤新平であった. 万事関係筋と折衝した有吉知事は, 内務官僚の逸材といわれた手腕家で, のち宮崎県に転任になり, ここでも県営鉄道を起こした. 晩年は第10代横浜市長となり, 関東大震災後の復興に力をつくし, ハマ市電の整備・拡充の大英断は高く評価された.

余談はさておき, なぜ千葉—木更津間軽便鉄道を, 県有県営のままとせず, わずらわしくも, 経営を鉄道院に委託しなければならなかったのであろうか. 有吉知事の県会説明では, 「現行法規の下において自ら県が経営したいのは山々であるが, 鉄道国有法の規定の上からやむを得ず鉄道院に委託し, 内諾を得た」という意味のことを述べている. これは同法の「一般運送ノ用ニ供スル鉄道ハ総テ国ノ所有トス」を指していることはもちろんである. ただこの条項には「一地方ノ交通ヲ目的トスル鉄道ハ此ノ限リニ在ラス」という但し書きがある. しかし監督法規は依然わずらわしい私設鉄道法が適用されていた時期である. 事実上国有外鉄道は不可能であることを見抜き, 国が運営する鉄道なら支障がなかろうと, 県が敷設を代行しようとしたことになる. 当然このころは, 軽便鉄道法はまだ制定されておらず, 公布は翌1910 (明治43) 年4月であった.

いっぽう, 鉄道敷設法では明治41年度現在, 木更津線は経路不確定ながら予定線に挙げられていた. しかし政府まかせでは, 着工・開業見込の年月は未知であり, 千葉県は業を煮やした格好となった. これに対し, 鉄道院は県有国営方式を少なくとも1909 (明治42) 年6月ごろまでに内諾した様子であるが, 正式な回答を保留してしまった. そして同年12月22日の第20回鉄道会議で, 鉄道敷設法の一部改正が諮問され, 「千葉県下蘇我ヨリ木更津北条及勝浦ヲ経テ大原ニ至ル鉄道」(房総一周) という条項が明確に打ち出された. この法案は明治43年3月26日法律第22号で公布され, 急転直下鉄道院が直接木更津線を敷設することに決したのである. したがって軍用軽便方式の千葉県営鉄道木更津線はその必要を失なった. しかし鉄道院に対する督促的な役目は強烈であったに違いなく, 軽便鉄

道法の成立にも拍車がかかったはずである. ちなみに同法による認可第1号は, 後述の千葉県営鉄道野田・多古の両線であった.

ところで, このへんの事情を正史ではいかに記録されているかをみると, 『日本鉄道史下巻』では「……爾来千葉県ニ於テ県営事業トシテ計画セシモ遂行スルニ至ラス, 41年木更津町香々見儀助外51名ハ政府ニ於テ速ニ之力敷設ニ着手セラレンコトヲ貴族院ニ請願シ43年ニハ敷設法ノ改正アリ, 同年8月鉄道院之力実測ニ着手シ11月之ヲ畢リ44年2月工事ヲ起シ……」とある. 『日本国有鉄道百年史第6巻』も文体は異なるが内容はまったく同じである. しかし真実は逆で, 1908 (明治41) 年9月の民間の請願 (代表者の香々見儀助は第6〜9代木更津町長) は実際にはまだ効果が薄かったと思われる. それで翌1909 (明治42) 年に千葉県が積極的に乗り出したとみるべきであろう. 遺る気十分だった千葉県に, 〈待った〉をかけたのは鉄道院の方である——軍用軽便方式では将来の改軌は当然考えられるが, この問題は別にして——鉄道院の面子を保つ記述にはやや抵抗を感じる.

ただし, 『明治43年度鉄道院年報, 国有鉄道之部』によれば, 「蘇我木更津間用地ノ大部分ハ曩ニ千葉県ニ於テ軽便鉄道敷設ノ目的ヲ以テ買収シタル土地ヲ原価ヲ以テ買収スルコトヽナレルニ依リ該土地ノ丈量及新ニ買収ヲ要スヘ

キ土地ノ丈量ニ従事シ之ヲ完了シタル外幾部分ノ買収ヲ了セリ」と記し，千葉県が木更津軽便線の建設準備を，かなり進めていたことを明確にしている．

さらに，千葉県郷土史のうち，千葉―木更津間の鉄道を述べた文献[9] をみると，数は多いが県営木更津軽便線について触れたものは『千葉県の鉄道史』の1例のみである．それもほんの一言にすぎない．このままの形で完成しなかったためなのか，それとも編さんに際し，基本的な資料を見逃しているのか，理由はとにかく，偉大なる布石を等閑にしていることは事実で，私は残念に思う．本稿の題意からそれることは承知で，あえて久留里線を述べる序章とした次第である．

〔7.2〕多彩な千葉県営鉄道

現実に存在した千葉県営鉄道は，①柏―野田間（現在の東武鉄道野田線の一部），②成田―多古間（のち八日市場延長）および三里塚―八街間（→第2次成田鉄道），③木更津―久留里間（現在のJR久留里線）と，④大原―大多喜間（のちの夷隅軌道）であった．これらの建設は1910（明治43）年6月の臨時県議会で可決されたものであって，有吉知事はこれを置みやげとして韓国統監府（のち朝鮮総督府）に栄転した．そして決議事項は，第12代知事告森良に引き継がれ，順次実行に移されていったのである．

そもそも県内にこれだけの小鉄道を計画したひとつの理由として，悪名高き千葉県の道路事情があった．表土はほとんど風化の関東ロームで，しかも補修材料の砂利は，県内ではごく一部の山砂利を除いては産出がなく，高価であった．そのため鉄道または軌道を敷設し，この方の利用を高め，道路の損傷による補修費を軽減させる目的があったのである[10]．このことはどの線区の鉄道敷設認可申請書にも添記された．千葉県の古い一般史でも「本県は其の土質概ね軽鬆にして……」という文章が枕言葉のようになっているのもおもしろい．

それはさておき，有吉知事は経済的な軍用軽便鉄道を導入し，統一する考えであった．そして運用はヨーロッパ大陸の農業用軽便鉄道に範を求めたらしい．しかし知事の交代で構想が変わり，互換性のない4種類の鉄道が出現する結果となった．具体的にいえば，所期の目的どおり軌間600mmの軍用軽便を活用したのは多古線と八街線のみである．他の野田線は醬油会社に院線貨車を入線させるため3′6″軌間の普通鉄道に，久留里線は将来の改軌を前提として一般形の2′6″軌間による軽便鉄道となった．大多喜線は橋梁など建設費の大幅な削減を理由に，2′軌間の手押人車軌道にまで格を落されてしまったのである．事のよしあしは別として，鉄道規模の均等化か重点主義かの政策上の違いを，同じ企業体が，これほど鮮明に色分けした例は珍しい．悪くいえば，資本家になびき弱いところにしわ寄せをした，といえないこともない．しかし野田線はやがてドル箱となったのだから，一応適材適所の処置であったとみるべきであろう．

〔7.3〕千葉県営鉄道久留里線のあらまし

千葉―木更津間の鉄道は，鉄道院が敷設することになったため，県は矛先を前記4線区に向けた．当初制定した県営鉄道に関する規定類は，明治43年6月21日付の県令・告示で改訂されている．そして木更津―久留里間の建設のため，1911（明治44）年に大多喜線の分とともに同年度において，39万5千円の県債を起した（県令第44号，明治44年6月24日）．鉄道敷設の認可申請は，当然軽便鉄道法によるもので，同年6月7日告森知事から提出され，同年7月18日付監900号をもって認可された．

木更津は遠浅の海岸ながら古くから船つき場として栄え，千葉県成立前，木更津県が置かれ，行政の中心地でもあった．通俗的には〈切られ与三〉で名高い．これに対し久留里は，明治維新まで黒田直養3万石のミニ城下町であった．しかし明治も末ともなればその機能も余韻も失っ

---

*9) 房総紀要（千葉県，1911年）．千葉県誌下巻（千葉県，1919年）．千葉県史明治篇（千葉県，1962年）．千葉鉄道管理局史（千葉鉄道管理局，1963年）．木更津市史（木更津市，1972年）．千葉県議会史第3巻（千葉県会，1977年）．千葉県の鉄道史（千葉県企画部交通計画課，1980年）．

*10) 試験的にはじめて敷設されたのは，1909（明治42）年10月で，茂原―庁南（現在の長南）間約8kmの手押式人車軌道である．県有で経営は運輸車輌組合が行った．一般営業軌道でありながら，これもまた法的に異例な存在で監督官庁は県自体にあり，事務的処理は郡役所が担当した．したがって毎年度鉄道院（省）発行の『鉄道統計資料』などにはまったく記載がない．

1	3	5	7	列車番号	2	4	6	8
8.10	12.20	4.15	7.50	木 更 津 ↑	7.38	11.33	3.38	7.28
8.24	12.34	4.29	8.04	上総清川	7.25	11.20	3.25	7.15
8.45	12.55	4.50	8.25	横 田	7.06	11.01	3.06	6.56
9.02	1.12	5.07	8.42	馬来田	6.47	10.42	2.47	6.37
9.19	1.29	5.24	8.59	小 櫃	6.30	10.25	2.30	6.20
9.25	1.39	5.34	9.09	俵 田	6.20	10.15	2.20	6.10
9.38	1.48	5.43	9.18 ↓	久 留 里	6.10	10.05	2.10	6.00

千葉県営鉄道（木更津―久留里間）時刻表
（アミ版部分は午後）
▲大正12年9月1日改正（国有初日）　資料：鉄道省汽車時間表事務用大正13年6月号

▶昭和5年7月1日改正（狭軌線最終時使用）資料：鉄道省汽車時間表事務用大正5年7月号

3	5	7	9	11	13	15	列車番号	2	4	6	8	10	12	14
7.45	9.35	11.35	2.05	4.10	6.15	10.08	木 更 津 ↑	7.22	8.36	10.25	12.26	3.00	5.06	7.14
7.57	9.47	11.47	2.17	4.22	6.27	10.20	上総清川	7.11	8.25	10.14	12.15	2.49	4.55	7.03
8.15	10.05	12.05	2.35	4.40	6.46	10.34	横 田	6.58	8.12	10.01	12.02	2.36	4.42	6.50
8.28	10.18	12.18	2.48	4.53	6.59	10.47	馬来田	6.46	7.56	9.46	11.46	2.21	4.26	6.34
8.41	11.31	12.31	3.01	5.06	7.12	11.00	小 櫃	6.34	7.44	9.34	11.34	2.09	4.14	6.22
8.47	11.37	12.37	3.07	5.12	7.18	11.06	俵 田	6.28	7.38	9.28	11.28	2.03	4.08	6.16
8.54	11.44	12.44	3.14	5.19	7.25	11.13 ↓	久 留 里	6.20	7.30	9.20	11.20	1.55	4.00	6.08

小櫃川橋梁を渡るコッペル社製 B1 形機　たいへん貴重な久留里線最初の機関車の記録　　　　　　　　　所蔵：花上嘉成

ていたが，農林産物の集積地であったため，鉄道敷設の対象に選ばれた．県債応募も恩恵を受ける沿線は，協力的であったといわれている．起点の木更津駅構内の敷地は鉄道院から借用した．『木更津市史』によれば，西光寺という廃寺跡を町が無償で提供したという．

久留里線の建設費は『鉄道院文書』では 30 万 5125 円，『鉄道院年報』では 31 万 6425 円と記録されていて，その違いは不詳である．工事施工認可申請と，工事請負入札は 1912（明治 45）年 3 月で，同年 5 月 3 日に施工認可を受け，同月 16 日に起工した．完成は同年（大正に改元）12 月という早さで，開業したのは暮もおしつまった 28 日であった（県告示第 470 号，大正元年 12 月 27 日）．

線路の状況は全長距離 22.6km で，最急勾配は 16.7‰，最急曲線 R300m，軌条は 20 ポンドが使用された．トンネルは無く，最大橋梁は小櫃川の径間 200 フィート（61m）である．構造は 60′×3 と 20′×1 からなるプレートガーダーであるが，将来の改軌を考え 3′6″ 軌間の院線規格で架設された．〔2.1〕章で述べた台東線方式の建設であったことは，例の湧別線より早く注目に値する．

駅は木更津・清川（停留所）・中川（のち横田に改称）・馬来田・小櫃・久留里の 6 駅で，1921（大正 10）年 7 月 10 日に俣田駅を開設した．車庫は木更津と久留里に置いている．列車の運転は 1 日 5 往復の時代が永く続いた．

鉄道全般の管理は，はじめは千葉県内務部鉄道課が担当したが，大正 2 年 4 月 1 日に千葉県軽便鉄道管理所に独立した（県令第 98 号，大正 2 年 3 月 25 日）．さらに大正 9 年 4 月 1 日から，〈軽便〉の呼称を削除している．これは軽便鉄道法が廃止され，1919（大正 8）年 8 月から地方鉄道法が施行されたからにすぎず，同様な例は他にもある．

久留里線の営業成績は安定し，年々向上していたといわれるが，ボーダーラインをわずかに上回る程度であった．1922（大正 11）年 12 月の『県会議事録』によれば，「収益状態は約 1 万円で，起債利子 1 万 5 千円，国庫からの補助 7 分で，差引純益金は 2 千円，来年度から補助金もなくなるので，5 千円の不足を生ずる」と報告している．

それはさておき，いっぽうでは，開業後 10 年ほど経過したころ，久留里から大多喜（久留里と同様前時代の中心地で，大河内正質 2.7 万石のミニ城下町）を経由して太平洋側の鉄道と結ぶ上総横断鉄道の構想が，市原・君津・夷隅 3 郡の有志から起こった．この期成同盟の目標は 1922（大正 11）年 4 月公布の改正敷設法の別表 48，「千葉県下木更津ヨリ久留里，大多喜ヲ経テ大原ニ至ル鉄道」であり，第 15 代知事折原巳一郎に受け入れられた．しかし具体化しないまま転任となり，第 16 代知事斎藤守圀はこれを受け継ぎ，政府にさぐりを入れたのである．ときの内閣は政友会を支持する貴族院の加藤友三郎で，鉄道大臣は大木遠吉

〔参考写真〕豊州鉄道 A10（旧耶馬渓鉄道 2 号）　原形においてはケ 145 形と同形　コッペル社製 F. No. 6737-1913

豊前善光寺　1940.8.29　写真：臼井茂信

であった．そして「木原線の速成について，県営の久留里線を国に無償で提供すれば，直ちに着手する」という約束をとった（県会議事録）．

　県としても久留里線は改修の時期にきており，営業成績の見通しと，木原線促進を勘案し，1922（大正 11）年 12 月の通常県議会にはかり，「不動産処分ノ件」として久留里線譲渡案が提出された．もちろん反対者皆無で原案どおり可決したのである．移管期日は鉄道省の請求により，大正 12 年 9 月 1 日とした．『鉄道公報』によれば鉄道省告示第 148 号をもって 8 月 11 日付．『千葉県報』では 8 月 14 日付千葉県告示第 320 号で，それぞれ公表された．引き継ぎの日が，かの悪魔の日になろうとは，〈お釈迦様でも知らぬ〉ことだったというわけである[11]．

　久留里線における関東大震災の被害はかなり大きかった．『大正 12 年関東地震震害調査報告第 2 巻』（土木学会，1927 年）によると，小櫃—俵田間で 140m にわたり，最大 1.5m の沈下崩壊があり，小櫃川橋梁は橋台の傾斜，水平切断など甚大で，駅舎などの倒壊は横田以来に多かったことが記録されている．この線はタッチの差で国有となり，復旧工事は鉄道省が実施し，大正 12 年 9 月 24 日に開通した（鉄道省告示第 186 号，同日付）．

　震災復旧を終えた久留里線は，永らく狭軌軽便のまま営業が続けられた．改軌はおろか延長工事の気配もみえず，県も住民もいらだちを感じた．鉄道移管の直前に加藤友三郎が急逝したことも影響していよう．ついに 1924（大正 13）年 12 月千葉県会はいきりたち，決議を経て田中常吉

議長から，鉄道大臣千石貢宛工事促進の意見書が提出された．下世話でいう〈やらずぶったくり〉というわけである（県会議事録）．当時は加藤高明内閣，つづいて若槻礼次郎と政党は憲政会時代であり，鉄道の新設はかなり締められていた．とくに千石鉄相は建設予算に斧を入れ，大削減したことで名高く，実際には千葉県の意見書の効き目はなかったらしい．けっきょく，改軌工事の開始は政友会内閣の田中義一，鉄道大臣小川平吉の時代の 1929（昭和 4）年まで待たねばならなかったのである．

　久留里線改築工事は西木原線，大原側は東木原線という名称で起こした．木原線の名を営業線名に残したのは大原側で，木更津側はいまもって久留里線であるのはおもしろい．久留里線の改軌工事が終り，普通鉄道としての開通は昭和 5 年 8 月 20 日であった（鉄道省告示第 225 号，昭和 5 年 8 月 16 日）．

〔7.4〕ケ 145 形　（旧 1, 2 号）

　千葉県営鉄道は発足のとき，野田線の機関車は鉄道院からの払下げ（1290 形），多古線は軌道もろとも機関車まで陸軍からの借り入れで（双合式），あまり経費を必要としなかった．しかし久留里線は 2′6″ 軌間としたため，車輌・軌条類一切が新規購入となった．

　久留里線最初の機関車は，9.3 トンのコッペル社製 40PS 形 2 両である．注目すべきは月並み形式ではなく，車輪配列が B1 形，ホイールベースは従輪軸距離も均等な 1100 ミリタイプであった．日本の軽便機関車は，たいてい B 形か C 形で，従輪付きは珍しい．ただ森林鉄道において

千葉県営鉄道久留里線3号　森林鉄道仕様の見計らい輸入品を購入したものと考えられる　　木更津　提供：白土貞夫

はB1形が古くから好まれた．これは，最初に導入したボールドウイン工場の農場用形機関車の影響力と考えられ，水や燃料積載量の大きな構造と，バック運転の安定性が買われたとみられる．しかし日本に来たコッペル社のB1形は，機関車の負担重量を軽減する目的が主であったようである．現に千葉県の例では，B1形でありながら，水槽・炭庫容量があまり考慮されておらず，1915（大正4）年6月と7月に水槽改造や後部に張出式の炭庫を増設する工事の認可申請をしている．

　珍しいことはいまひとつあり，弁装置には俗に〈米つきバッタ〉と呼ぶ，コッペル式を採用していた．構造が至極簡単だったのが特徴であるが，部品のテコのピボットが台枠に固定されており，荷重の変化の激しいとき，調子を狂わす欠点もあった．

　記述が後になったが，採用のための設計認可申請は，明治45年6月18日付で提出し，改元の翌7月31日付監1278号で認可された．機関車番号は1，2で，形式は3である．野田線に形式1，2を割当て，久留里線は3，4とされた．この機関車は現車調査の記録がないので，確かな製造年や製造番号は，コッペル社のリスト（6.3章脚注）にによる以外は致し方ない．当然車輪配列や購入年から見当をつけるが，〈千葉県〉と納入先を明記したものはない．しかし著者はF. No.5249，5250-1912.4が該当すると確信をもって推定した．納入先は耶馬渓鉄道と明記されているが，あえて千葉県営鉄道の1，2号とした理由はつぎのとおりである．

　つまり，リストにはこれとはべつに，耶馬渓鉄道に同形のF. No.6586〜6588-1913.7の納入が3両記載されている．

そして私の耶馬渓鉄道会社の調査と，現車確認でこの鉄道のB1形コッペル機は，後の3両のみであったことが明確になっているからである．つまり代理店のオット・ライメ

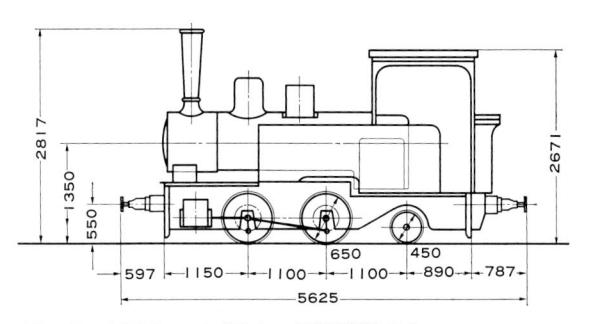

形式ケ145　形式図〔コッペル製9.4t，国鉄統計値9.0t〕
シリンダ185×300mm，使用圧力12.0kg/cm²，火格子面積0.3m²，伝熱面積14.4m²，シリンダ引張力〔Zc〕1136〜1515kg（0.6〜0.8p），動輪直径650mm，弁装置はコッペル式．

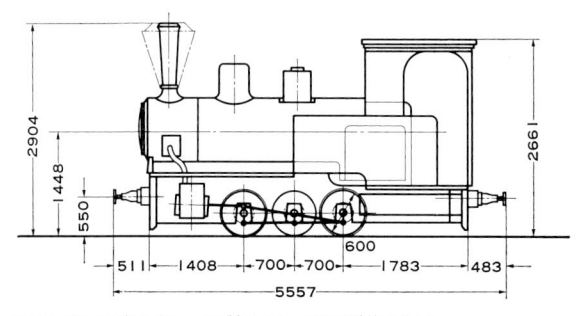

形式ケ158　形式図〔コッペル製9.8t，国鉄統計値9.6t〕
シリンダ210×300mm，使用圧力12.0kg/cm²，火格子面積0.72m²，伝熱面積19.5m²，シリンダ引張力〔Zc〕1588〜2117kg（0.6〜0.8p），動輪直径600mm，弁装置はワルシャート式．

〔**参考写真**〕木曽森林鉄道 10 号　コッペル社製 F. No. 10490-1923　　　　　　　　　上松　1939.1.3　写真：臼井茂信

ケ 158 形はサイドタンクがやや長く前方は水タンクであるが　森林鉄道向けストック品と思われる原形には　その上に燃料の薪積載用柵があるため　給水口はサイドタンク前面に飛び出した形となっている　それは下の写真でも変わっていない

ルス社が，千葉県の駆け込み注文（おそらく）に対し，耶馬渓鉄道へ納入すべき予定機関車を急遽千葉に変更し，送り込んだと解釈できるからである．後の分はこの補充注文に相当しよう．ちなみに，耶馬渓鉄道の免許取得は久留里線と同様で，1911（明治 44）年 7 月ではあったが，開通は 1913（大正 2）年 12 月で，千葉よりも 1 年遅れている．この事実からも遣り繰りが立証できると思う．

国鉄編入は国鉄移管前で，大正 12 年 8 月 27 日付達 587 号をもって形式ケ 145，ケ 145・ケ 146 号となった．当時 B 系の形式の空番は 130，140 があったが，予備を考えてか端数の形式を命名した．残念ながら県有・国有時代とも

往時をしのぶ写真は発見されていない．ただし原形においては，耶馬渓鉄道の 1〜3 号と同形である．

〔**7.5**〕**ケ 158 形　（旧 3 号）**

大正期の列車の運転はのんびりしており，1 日の稼働機関車は通常 1 両でこと足りた．しかし前節で記したように 1, 2 号機の改造が実施されることになり，代替機を必要としたため，1915（大正 4）年 8 月 29 日に新製機増備の申請が提出された．認可は同年 10 月 12 日付監 2172 号である．やはりコッペル社製であったが，在来機よりやや大きく，C 形の 9.6 トン 50PS 形で，4 形 3 号と命名された．車軸間距離による分類は，C1400 ミリタイプである．同類は

形式ケ 158　ケ 158 号　煙突ベースの上の継ぎ目にダイヤモンドスタック撤去の名残りがある　砂箱も大形に変更されていた　　久留里　1930.5　写真：中川清憲（雑誌『鉄道趣味 No. 23』1935 年から）

ケ201号 久留里線における貴重な記録

久留里機関庫 1930 提供：手島亮一

多くの軽便鉄道でみられたが，詳細に観察すると，水タンクの形その他多少の違いがあった．原形において千葉県営と実質的に同形であったのは，木曾森林（上松所属）鉄道の10号機といえる．

この機関車は千葉県の竣工図では1914（大正3）年12月製としてあるが，コッペルのリストではこの年月に製造し，かつ該当する形式は見当らない．近似はF. No. 6890-1914. 6，オット・ライメルス社が日本向けで唯一である．多分これに間違いないと私は思う．この年の8月23日に日本はドイツに宣戦布告しており（第1次世界大戦），12月製が来着するはずがない．おそらくこれは開戦前に舶載し，かろうじて日本に到着した月か，受領の機関か代行商社が認知した月ではなかろうか．それで現車は輸入後凍結かなにかの事情で，約1年近くストックされていた製品ではないかと思う．いずれにしても，オット・ライメルス社は千葉県の注文により輸入手配したものではなく，見計らい輸入品が千葉県に購入された公算が大きい．単なる想像だが服部商会が介在したと思う．

国鉄編入の処置（達番号年月日とも）は前節のケ145形と同一であったが，この方はケ158形，ケ158号と命名さ

れた．末尾が8とはひどく半端な形式である．10トン未満のC形軽便機関車の形式は，当時すでに行き詰っていたことを物語っているといえよう．

〔7.6〕転入機関車　ケ201号

本稿でしばしば登場したいわくつきのケ200形である．すでに〔2.3〕章で記したが，久留里線にはケ201号が大正15年8月13日付で，熱海線建設事務所から転属してきた．魚沼線のケ203号とはこのときが生き別れである．

ケ201号が入線したころは，列車の運転はまだ1日4往復で，在来機でまかなえた．しかし，やがて稼働機関車を1日2両を必要とする時代となり，ケ158とともに久留里線の主役となるに至った．魚沼線の輸送力は国有後も変らなかったことに比べ，久留里線は飛躍し，改軌直前は7往復の運転を行っていた．これは輸送客が増加したからではなく，吸収するためのフリークエント・サービス（頻発）が軽便線にも及んだと解すべきである．

改軌後はケ145，ケ158形をふくみ4両全部が千葉機関庫に約1年収容され，昭和6年9月16日付〔通達種別記号不詳〕第72号をもって廃車された．1945（昭和20）年ごろ，もと千葉機関庫勤務の古老から，これらは新小岩工場で解体処分されたという話を聞いたことがある．当時国鉄の狭軌軽便の営業線は，他に魚沼線が存在したのみである．建設用は充足し，私鉄は気動車の導入期を迎え，転属はならなかった．

けっきょく，ケ200形のうちケ201号が最も早く姿を消したことになる．

---

*11) 『日本国有鉄道百年史第9巻』（1972年）によれば，久留里線は「関東大震災の被害を受け無償で鉄道省に譲渡された」と記し，『日本の軽便鉄道』（立風書房，1974年）では「……被害を受けたので，復旧費用の関係もあり，国鉄に無償で移管され……」と述べている．この記述は不適当で，本文の解説どおり，鉄道の移管理由と震災はまったく無関係である．

〔8.1〕東濃鉄道のあらまし

東濃鉄道社紋

中山道の宿場町として栄え，東美濃の中心地であった御嵩町から，中央本線の多治見に至る間に計画されたのが，東濃鉄道である．1978（昭和53）年まで存在した駄知・笠原両鉄道の合併により成立した同名の鉄道とはまったく関連はない．初代の東濃鉄道は岐阜県可児郡上之郷村の平井信四郎ほか49名によって発起された18キロ余りの鉄道である．最初の計画は資本金45万円で，蒸気動力による軌間3′6″の普通鉄道として，1912（明治45）年7月に出願された．免許の取得ははやく，その年の12月18日である．

しかし，当時鉄道敷設法では「岐阜県下多治見ヨリ岐阜ニ至ル鉄道」という条項は挙げられていたため，免許状命令書には「長瀬駅*12) ヨリ広見駅ニ至ル線路ニ対シテ政府ニ於テ鉄道敷設法ニ依リ予定線ヲ敷設スル為メ必要ト認ムルトキハ線路ノ変更ヲ命シ又ハ工事方法ヲ指定スルコトアルベシ」また別に，「建設費予算及決算ハ長瀬―広見間，広見―御嵩間之ヲ区分スベシ」という命令が加えられていた．申請に対しバックアップした岐阜県知事は，「院線の岐阜―多治見間の予定線は経由地が予知できないので，東濃鉄道の路線と接近するかも知れないが，しかるべく詮議

して認可願いたい」という意味の添え状を提出している．いずれにしても，東濃鉄道は早晩買収される運命を背負っていた（鉄道院文書）．

鉄道の敷設理由として，『日本国有鉄道百年史第9巻』では「通過地が薪・生糸・繭・桑等の産地であるところから，北陸と中央線を結ぶことによって，かなりの旅客貨物の輸送が見込まれたからである」としている．しかしこれは飛躍した記述で，おそらくのちの太多線建設の理由と混同したためであろうか．実際には発起人たちからはそのような理由書は提出されず，また遠大な計画とてなかった．第一そのころの近在の鉄道は中央線のみで，美濃国には高山線も越美線もまだ無かったのである．ただ地元の人々は可児郡内の主要村落を結び，中央線に連絡することだけを望んでいた．そもそも岐阜県でありながら，岐阜市とは実質的に隔絶された地域であり，愛知県の名古屋の商業圏に迎合した方が有利としたからである．そして沿線農家を対象として，肥料その他の必需品の移入，農作物の移出を，この鉄道の使命と考えたのが真実とみるべきであろう．

ところで，鉄道免許はすでに記したように，大正元年12月に受けていたが，会社が成立し軌道に乗ったのは，1915（大正4）年3月であった．遅れた理由は，この地方を襲った大旱魃による農作物の被害や，引続いて特産の繭の不作などが主因をなし，株の募集が当初の計画どおり進まなかったからとされている．さらに第1次世界大戦の影

可児川橋梁を渡る東濃鉄道の列車　機関車は大日本軌道製1号または2号

絵葉書所蔵：白土貞夫

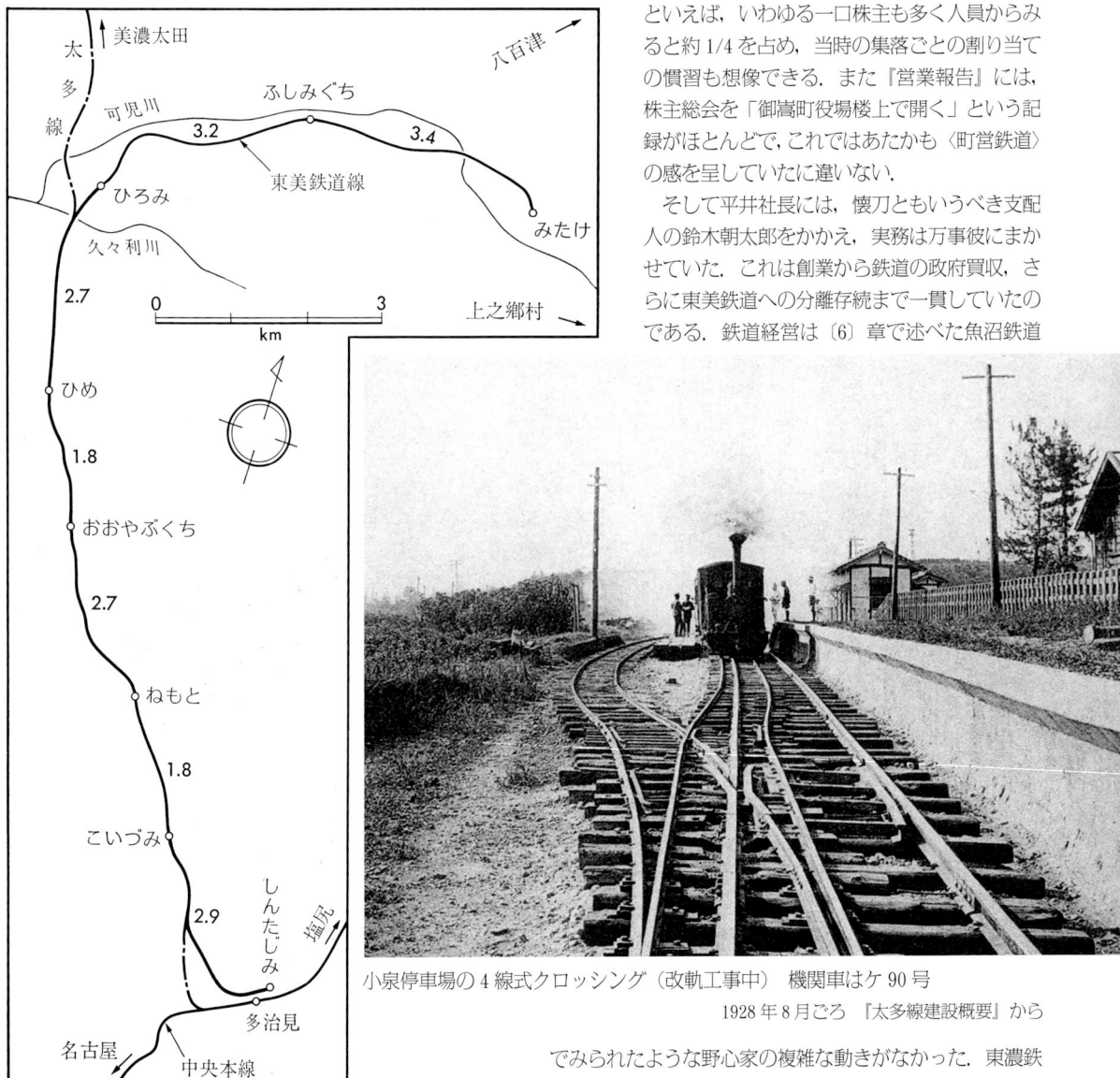

図 21　東濃鉄道線路略図
数字は駅間距離（km）

といえば，いわゆる一口株主も多く人員からみると約 1/4 を占め，当時の集落ごとの割り当ての慣習も想像できる．また『営業報告』には，株主総会を「御嵩町役場楼上で開く」という記録がほとんどで，これではあたかも〈町営鉄道〉の感を呈していたに違いない．

そして平井社長には，懐刀ともいうべき支配人の鈴木朝太郎をかかえ，実務は万事彼にまかせていた．これは創業から鉄道の政府買収，さらに東美鉄道への分離存続まで一貫していたのである．鉄道経営は〔6〕章で述べた魚沼鉄道

小泉停車場の 4 線式クロッシング（改軌工事中）　機関車はケ 90 号
1928 年 8 月ごろ　『太多線建設概要』から

でみられたような野心家の複雑な動きがなかった．東濃鉄道は封建的というより，素朴で従順さを感じる鉄道であったといえるであろう．

話は戻るが，曲がりなりにも着工に至ったのは 1917（大正 6）年 2 月 18 日であった．工事そのものは平易ながら，第 1 次世界大戦の煽りで，工事従事者が不足した．そのうえ大正 6 年 5 月に高田商会と契約した米国製のレールと，付属品が予定の期日までに入荷しないため，国内の在庫品をかき集め敷設にこぎつけたという．第 1 期工事は新多治見―広見間 11.9km で，秋の長雨でさらに施工が延伸し，大正 7 年 12 月 15 日に竣工した．鉄道院の監査は同月 24 日で，27 日から一般営業が開始された．

停車場は新多治見・小泉・姫・広見の 4 駅．院線多治見駅とは駅舎が別で，構外徒歩連絡であった．これは所在地

響による鉄鋼材料の暴騰の影響は強烈で，鉄道規格を縮小せざるを得ないところまでに追い込まれたのである．つまり軌間 2′6″ の軽便線とすることで，工事方法の変更を申請し，大正 5 年 10 月 18 日付監 1959 号で認可を得た．この間資本金は 35 万円に減額している．会社が成立し登記されたのは大正 4 年 3 月で，本社は可児郡御嵩町に置かれ，1920（大正 9）年 4 月に隣の中村に移った．

社長に就任したのは発起人総代の平井信四郎で，彼の家業は酒・醬油類の醸造業ながら，政治家（政友会）で，どちらかといえば終始ワンマン経営であったといえる．それだけに出資額も最高で，つづいて広見町の製糸業，渡辺善十郎一族，池田村の豪農斎藤正助その他で，変わったところでは，御嵩町・上ノ郷村自体も大株主に列していた．株

---

*12) 計画時の起点駅名の仮称．所在地の岐阜県可児郡豊岡町字長瀬に由来する．大正 6 年 4 月から新多治見駅に名称を変更した．

が離れ，連絡設備の資金がなかったからとされている．院線との連帯運輸開始は 1919（大正 8）年 5 月からで，それまでの貨物連絡は馬車便をもってし，多額の失費を要したという．また開業当初は，小泉―姫間の駅間距離が長く，そのため大藪口は大正 8 年 5 月 13 日，根本に大正 9 年 1 月 19 日，それぞれ停留場が新設された．機関庫は最初広見に置き，新多治見は給水・給炭設備のみであったが，大正 13 年 9 月に機関庫の新設となった．列車の運転は大正 8 年現在では 6 往復であった．

線路規格は最急勾配 20‰，最急曲線 R300m，軌条は 20 ポンドである．意外に急な勾配があったのは，根本―大藪口間の丘陵に分水界があり，切り通しの深さを 10 フィート以下におさえたからである．トンネルはなく，最大橋梁は木造桁の久々利川橋で，径間 41.2m であった．

第 2 期工事の広見―御嵩間 6.6km の工事着手は，大正 8 年 5 月からである．しかし最初の届出の大正 6 年 2 月から数えて，竣工期日延期を更新すること 3 回にもおよび，大正 9 年 9 月 7 日に竣工した．鉄道院の監査は同月 16 日で，営業開始は 21 日，これによってようやく新多治見―御嵩間 18.5km の全通が成ったわけである．なお広見―御嵩間の停車場は，中間の伏見口のみであった．

線路規格は第 1 期線に準じた．橋梁は可児川に架せられた木造の総径間 120m が最大であった．第 1 期工事のとき間に合わなかった髙田商会に発注したレールは，1919（大正 8）年 6 月に到着し，この線区に敷設された．

東濃鉄道の営業状態は良好で，終始安定していた．政府補助金も大正 8 年度に受けたのみで，他年度は不要の業績をあげている．これは建設費をおさえ，小規模な鉄道方式としたことが主因をなしている．1921（大正 10）年 11 月には高山線が岐阜から美濃太田まで開通し，1925（大正 14）年 4 月には名古屋鉄道が犬山口から今渡まで延長されてきた．太田・今渡は昔からの木曽川の渡し場であり，広見に近く，ややこれらの鉄道に喰われたという説もある．しかし，これは太多線の完成と名古屋鉄道の広見接続後のことで，沿線から産出する繭の出荷，肥料類の受入れは依然多治見経由であった．また晩年は亜炭や石材の搬出，木曽川水系の発電所における送電用架線材料の輸送など活況を呈し，衰退することはなかった．兼業としては，1922（大正 11）年から御嵩付近における自動車運輸業と鬼岩鉱泉浴場の経営を行っていた．しかし鉄道買収直前に一応直営を廃止し，東美鉄道に経営を移した．

旧鉄道敷設法による多治見―岐阜間の鉄道のうち，岐阜―美濃太田間は図らずも，高山本線として 1921（大正 10）年 11 月に完成した．そして美濃太田から分岐し，木曽川を渡った以南の線は，広見までを 1925（大正 14）年 7 月に着工した．しかし，広見―多治見間の設計は既成の東濃鉄道と平行していた．そのため政府は 1926（大正 15）年 3 月，第 51 回帝国議会にはかり，同鉄道の買収案を提出し，同年 4 月法律第 59 号として成立させたのである．買収価格は公債交付額で 65 万 8100 円であった．また期日は大正 15 年 9 月 25 日とされた（鉄道省告示第 177 号，大正 15 年 9 月 22 日）

ただし買収の対象となったのは，広見―新多治見間で広見―御嵩間は除外されている．『名古屋鉄道社史』（1960 年）では，「残る広見―御嵩間の経営対策に平井社長は苦慮していた」としているが，これは言葉のあやと読みとった方がよい，と私は思う．というのは買収問題はかなり以前から察知していたはずであり，対策は買収前に完全にとられていたからである．それというのも，名古屋鉄道と大同電力会社が，それぞれ今渡―八百津間，太田―八百津間（発電所建設用の資材運搬用）に鉄道を敷設する準備をしていた事実からもいえることである．つまりこの 3 件を巧みに絡ませ，3 者が満足すべき方策を手回しよく進めていたのである．これより以前，鉄道省は東濃鉄道の非買収線区を，名古屋鉄道に買収して貰うよう示唆したらしいが，そのような単純な行政指導は東濃鉄道には受入れられなかった．したがって平井社長の対策案はかなり自信に満ちていたように思う．

解決をみた方法は，3 社が各々 40 万円を出資し，新会社の東美鉄道（大正 15 年 9 月 14 日設立，代表者：平井信四郎）を発足させることにあったのである．その前提として，大正 15 年 4 月 28 日に覚書を交換したが，内容は大体つぎのとおりであった．①大同電力（代表者：福沢桃介）の太田―八百津間の鉄道敷設権は放棄する．②名古屋鉄道（代表者：上遠野富之助）の今渡―八百津間の出願権は，無償にて新会社に譲渡する．③東濃鉄道は広見―御嵩間鉄道を現物出資する．などである．そして省線の太多線工事竣工と歩調を合わせ，旧東濃鉄道の広見駅は新駅に切り換え（昭和 3 年 10 月），やや遅れて名古屋鉄道の今渡―広見乗り入れ（昭和 4 年 1 月），さらに東美鉄道による伏見口から分岐する八百津線の新設（昭和 5 年 4 月および 10 月）などに発展していったのである．

太多線（多治見―広見間）**時刻表**（アミ版部分は午後）大正15年9月25日改正（買収初日，広見―御嵩間は東美鉄道会社線）．資料：鉄道省汽車時間表事務用大正15年12月号．

	1	3	5	7	9	11	13	列車番号	2	4	6	8	10	12	14
	5.55	7.48	9.55	11.30	2.44	5.15	7.40	多治見 ↑	7.18	9.28	10.58	1.48	4.13	6.37	8.43
	6.05	7.58	10.05	11.40	2.54	5.25	7.50	小　泉	7.09	9.14	10.49	1.39	4.04	6.28	8.34
	6.12	8.05	10.12	11.47	3.01	5.32	7.57	根　本	7.03	9.08	10.43	1.33	3.58	6.22	8.28
	6.21	8.14	10.21	11.56	3.10	5.41	8.06	大藪口	6.54	8.59	10.34	1.24	3.49	6.13	8.19
	6.27	8.20	10.28	12.02	3.16	5.47	8.13	姫	6.47	8.52	10.27	1.17	3.42	6.06	8.12
	6.40	8.36	10.41	12.15	3.31	6.02	8.26	広　見	6.37	8.42	10.15	1.07	3.32	5.56	8.00
	6.51	8.47	10.52	12.26	3.42	6.13	8.37	伏見口	6.21	8.26	10.01	12.51	3.16	5.41	7.44
	7.02	8.58	11.03	12.37	3.53	6.24	8.48 ↓	御　嵩	6.10	8.15	9.50	12.40	3.05	5.30	7.33

形式ケ 90 ケ 90 号 整備・保管・環境は良好で いかにも展示品らしいたたずまい 中部鉄道学園 1973.3.8 写真：諸河 久

もとの東濃鉄道も，新しい東美鉄道も，ちょうど2年間で改軌工事を完了し，東美は電化工事もかねて行った．国鉄が多治見—美濃太田間を普通軌間の太多線として営業開始したのは，昭和3年10月1日である（鉄道省告示第204号，昭和3年9月22日）．買収から改軌工事完了までの列車運行は7往復で，民営時代同様乗り換えなしに，多治見—御嵩間の直通運転を実施していた．この時代の運転様式としてはおもしろい．つまり線路も客車も，官私共用であったことになる．

なお，『岐阜県史，通史篇近代中』（1970年）には交通部門の記述があり，期待して資料を求めた．しかし岩村電気軌道にはかなりのページをさいてはいるが，どういうわけか，東濃鉄道についての記載がまったく無い．県史にしてはひどく片手落ちな編さんで残念に思う．

〔8.2〕ケ90形 （旧1，2号）

東濃鉄道の建設期は，第1次世界大戦の最中で，鉄道用品の入手に関係者は苦労した．しかも民営鉄道はまだ舶来指向が根強く，定評ある〈コッペル〉でも購入したいところであったかとも想像される．しかし国内の製造所である大日本軌道鉄工部は，この期を逸せず売り込みと生産に励んだ．日本車輛会社など当時の小形機メーカーは緒についたばかりで，大日本軌道は独走した形である．言葉を換えれば，コッペル社製は1915〜19（大正4〜8）年の銘をつけた機関車は日本には来着していない．この虚を突いたのが大日本軌道鉄工部といえる．

ご多分にもれず，東濃鉄道の最初の機関車もこの社の製品を採用したわけである．製造は1918（大正7）年2月（東濃鉄道の書類記録），製造番号は176，177号（著者の現車確認）で，東濃鉄道では形式A（最初の意），機関車番号は1，2と命名した．カタログにも掲載された6トンB形のサイドボトムタンクの標準形である．翌年国鉄が建設用に発注したケ100形（4.6.1章）に酷似していたが，東濃の方は両側におよそ1×2×3フィートの小さな水タンクをもって

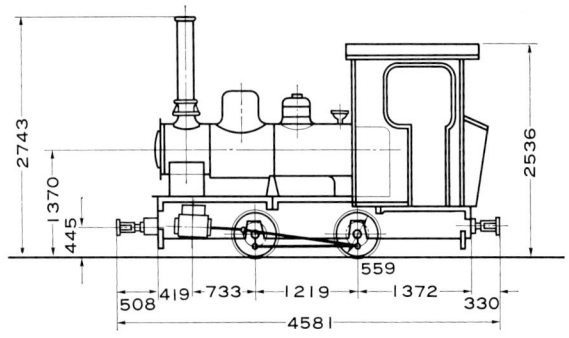

形式ケ90 形式図〔大日本軌道製 6.1 t〕
シリンダ 152×254mm，使用圧力 11.2kg/cm²，火格子面積 0.25 m²，伝熱面積7.99m²，シリンダ引張力〔Zc〕705〜940kg（0.6〜0.8p），動輪直径559mm，最大幅1676mm，弁装置はワルシャート式

いたことが相違していた．この2両は『鉄道公報』によれば，大正15年9月25日付達787号をもって鉄道省に編入され，形式ケ90，番号ケ90，91号と命名されている．実際にはケ100形より出力がわずかに大きかったが形式名は上がつかえ，逆に2桁に下がり，ついに制式機では，最少の若番形式となった．

買収線での使用は1928（昭和3）年9月末日までで，昭和5年5月〔達種別記号不詳〕第5078号で廃車になった．配置表ではこの間，名古屋鉄道局になっていたが，廃車宣告後も解体されず，浜松工場が保管していたらしい．簡単な構造でユウモラスな風采もあってか，鉄道部内の教材や鉄道展などの出品物に手ごろであったからと思う．

このうちケ90号は，1935（昭和10）年3月に名古屋鉄道局の教習所（のちの中部鉄道学園→JR東海社員研修センター）に教材用として移管された．しかし次第に維持が悪くなり荒廃したため，1963（昭和38）年2月に稲沢第二機関区の手により，観賞に耐え得る更新修繕が実施された．C57139号とともに学園内の展示品として保存されていたが，屋外の保存管理としては，まずまずの状態であった．現在は2011（平成23）年3月開館のJR東海〈リニア・

形式ケ90 ケ90号
JR東海〈リニア・鉄道館〉1階の屋外展示場に展示されている現在の姿 搬入前に整備・再塗装が行われ ボトムタンクの給水口は白く塗られている 大日本軌道の銘板はこちら側しか残っていない
2011.10.20 写真：名取紀之

形式ケ90 ケ91号 交通博物館における展示直後の姿で まだ前灯や逆止弁が付いている 1951.10.27 写真：中村夙雄

形式ケ90 ケ91号 浜松工場に返却後 浜松市児童会館で展示される 1964.9.13 写真：諸河 久

形式ケ90　ケ91号　"よい子のペット"となって　ついにオリの中　過剰と思われるほどの安全対策にはおそれ入る
浜松市児童会館　1983.8.10　写真：臼井茂信（2枚とも）

鉄道館〉で展示されている.

いっぽう, ケ91 号は 1951（昭和 26）年 10 月に交通博物館に搬入展示されるようになった. しかし新館増築のため安住の場所を失い, 翌昭和 27 年 6 月に浜松工場に返却されてしまった. その後浜松市の児童会館を経て, 現在は浜松工場近くの〈堀留ポッポ道〉に展示されている.

なにはともあれ, 形式にケを冠した国鉄の制式軽便機関車（鉄道部内でも, ケを冠した機関車は, 軽便のケとは知らず, 建設のケと思い込んでいる人が意外に多い）で日本国内に現存するものは, このケ 90, ケ 91 号の 2 両のみである. しかも現存機の少ない国産品であることはまことに意義深く, いまや貴重な存在といえる. しかしながら, 双方とも機体の各部が切開されている. 見る人に内部構造を理解してもらうための親心であっただろうが, 悪くいえば機械技術屋さん特有の思想が丸出しで, 工芸品や考古学に興味のある人々からみれば, 身の毛もよだつ処理というべきである. とくに展示は屋外であり, 朽ち果てぬような気くばりが肝要であろう.

〔8.3〕買収されなかった機関車　3 号

第 2 期工事の広見―御嵩間の開業に備え, 急遽準備したコッペル社製の 5.6 トン B 形ボトムタンクである. 大正 9 年 5 月に石川鉄道から譲り受ける申請をなし, 同年 8 月 20 日監 575 号で認可を得た. それまでの列車運行は, 全線 1 閉塞 1 列車であったが, 御嵩延長により, 広見駅交換の 2 列車制を採ることになり, 後述の新規注文機が未着で, 予備機の必要を生じたからである.

石川鉄道ではとくに形式名はなかったようで, その社の 3 号が東濃に来たので, 改番の必要もなかった. ただし連結器高さの規準を東濃鉄道のそれに合わせる小改造を実施している. 形式名は 2 番目のため B 形とされた.

この機関車は前歴がおもしろく, 石川鉄道が使用認可を受けたときの書類（鉄道院文書）には,「本機ハ名古屋市役所ニテ使用セシモノニシテ軌間 2′用ノモノナリシモ, 名古屋市南区熱田東町日本車輌ニテ 2′6″ 軌間用ニ改造ス, 気筒座ニライナヲ施シ気筒・中心ヲ外ニ拡張ス」と記されている. したがって, 改軌は軸箱守を外側に移し, 台枠そのものは改造しない施工法だったことがわかる. いっぽう, 例のコッペル社のリストと照合すると, F. No. 3761〜3763 のグループで, 1909（明治 42）年 12 月製. 納入先は名古屋水道事業所（局）であることが確認できる. 日本に来た

形式ケ 90　ケ 91 号　浜松工場近くの遊歩道〈堀留ポッポ道〉に展示されている現在の姿　　　　2012.7.7　写真：名取紀之

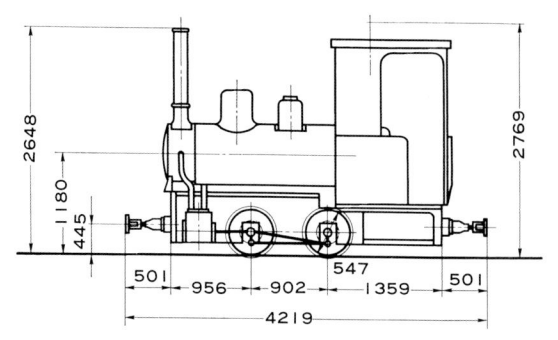

東濃鉄道 3号形式図〔コッペル製 5.7 t〕
シリンダ 145×260mm, 使用圧力 12kg/cm², 火格子面積 0.25m², 伝熱面積 8.39m², シリンダ引張力〔Zc〕720〜959kg (0.6〜0.8p), 動輪直径 547mm, 最大幅 1549mm, 弁装置はコッペル式.

コッペル機としてはかなり古い.

また原形におけるこの機関車の軌間は, コッペル社の記録では 600mm, 石川鉄道では 2′ (610mm) としており差があるが, おそらく前者の方が確かであろう. つぎに製造番号に関することだが, 古い同好会誌の『MIKADO 第7号』(1948年6月) には, 大橋弁太郎さんが日国工業会社の京都大久保工場に 1, 2号として F. No.3760, 3761 が存在した記事を寄せられている. たぶん石川鉄道の2両の残党と推定されるが, 製番が1番ずれている. コッペル社のリストでは, F. No.3760 は日本に関係なく, ブレスラウのオーデル河工事管理局に納入した記録になっている. しかし製造番号は 1910年2月で若番にかかわらず, F. No.3761〜3763 より後から出場している. したがって, 実際には何らかの事情で入れ代わり, 日本にはリストと1番ずれた 3760〜3762 の銘をつけ, 来着したとでも解釈しないかぎり辻つまが合わない. この仮定が成立したら東濃鉄道の3号機の製造番号は 3762 ということになる.

〔8.4〕買収されなかった機関車 4号

東濃鉄道が開業した翌年, つまり 1919 (大正8) 年下期に, 神戸にあった内田商事株式会社と納入を契約した機関車である. 開業当初は1列車制で, 2両の機関車でもこと足りたものの, 大日本軌道製の 1, 2号は小故障が多く, 予備をかね1両の増備を計画した. おそらく当事者は舶来品に対する憧憬の念がすてがたく, さりとて, ドイツからの輸入はまだ途絶しており, アメリカ製に依存したものと想

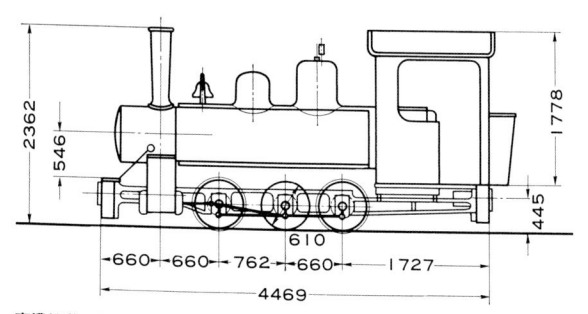

東濃鉄道 4号形式図〔バルカン・アイアン製 9.0 t〕
シリンダ 178×254mm, 使用圧力 11.2kg/cm², 火格子面積 0.35m², 伝熱面積 12.0m², シリンダ引張力〔Zc〕886〜1182kg (0.6〜0.8p). 動輪直径 610mm, 最大幅 1981 mm, 弁装置はアメリカ形スチィヴンソン式.

像される. 製造所はバルカン・アイアン工場で, C形 8.9 トンのサイドタンク機であった. この社の製品はあまり日本に来着せず, なじみは薄いが, 残された図面から判断すると, かつて台東線で使用された LCK20 形を小形化した感じであったことがいえる.

ところで, 購入契約は早かったにもかかわらず, 実際に日本に到着したのは約2年後で, 機関車設計認可の申請が提出されたのは大正10年7月9日である. つまり 1920 (大正9) 年8月の御嵩延長時には間に合わなかった. この延着した理由は定かでない. またこの機関車の入線で橋梁上の負担重量に難があるとされ, 1922 (大正11) 年3月に補強工事の申請がだされ, 大正11年8月14日にその認可を得て着工された. しかし肝心の機関車の認可は1年経過しても下付されなかったのである. もっとも部分図の一部がメーカーから未着であったことなどにも原因はあった.

つぎにこの機関車にまつわる奇妙な文書が残っていることを記しておこう. それは私信の形をとっていて, 発信人は監督局の Y という事務官である. 大正11年8月30日付東濃鉄道の支配人鈴木朝太郎宛で, 内容は「昨年7月機関車購入の件を申請になったが, 貴社の現在の輸送状況により見ると別段急施の必要はないと思う. また本件の如き外国品の注文は現下の状況でどうかと思う. 一考して願書を取下げるようにしてはいかがか」という意味であった. 東濃鉄道としてみれば, いずれ線区は二分されることは察知しており, 機関車4両の保有ぐらいは決して過剰としなかったであろう. また「外国品の注文云々」もおかしな話で, 当時の私鉄においては第1次大戦後から数年間 (大正9〜15年ごろ) はかなりの外国製機関車を採用しており, また簡単に認可されている. なぜ東濃鉄道だけに, このようないやがらせをいって来たのであろうか. まったく行き過ぎた介入である.

これに対し鈴木支配人はおそらく内心は立腹したであろうが, そこは穏やかに, 同年9月1日付で「現車はすでに昨年申請当時に到着し受領済みのものである. 使用にともなう橋梁の補強工事も認可になっていることでもあり, 至急機関車の認可をしてほしい」という意味の返信を提出している. 表向きは単なる実情の説明にすぎなかったが, どういうわけか, 同月5日付監 1797 号をもって急転直下認可されるに至った. このような豹変はなにを物語るのであろうか. いわぬが花というもので, 当時の私鉄は役人に泣かされたひとつの例である.

それはさておき, バルカン社の機関車は形式 C (3番目の意) 第4号として, 大正11年11月16日に竣工届を提出している. 小熊米雄さんが入手されたメーカーのリストでは, F. No.3056-1920 年製が該当しそうだが, 決め手はない. とにかく珍品であったが, 東濃鉄道の買収時には3号機とともに除外され, 所属は東美鉄道会社に移った. さらに 1928 (昭和3) 年10月, 改軌と電化で東美の鉄道形態は一変した. 波瀾に満ちた軽便機関車も使命を終えたわけだが, その後の消息は杳として知れない. （つづく）

形式ケ90 ケ90号 　　　　　　リニア・鉄道館　2011.10.20　写真：名取紀之

写真・絵葉書提供者〔五十音順・敬称略〕

安保彰夫　市川健三　君津市立久留里城址資料館　洪 致文　交通博物館　白土貞夫　蕭 登福　瀬古龍雄　髙井薫平
竹中泰彦　手島亮一　中村夙雄　名取紀之　奈良崎博保　花井正弘　花上嘉成　牧野俊介　三宅俊彦　宮田憲誠
宮田寛之　諸河 久　渡辺・岩崎コレクション

軽便機関車誌

国鉄狭軌軽便線 1

2019年12月19日発行

著　者　臼井茂信
発行者　花井正弘

© 2019 Printed in Japan
ISBN978-4-904775-10-3

発行所　　　　草 原 社

〒330-0073　さいたま市浦和区元町2-6-14
　　　　　　　電話　048-886-7759
　　　　　　　振替　00110-6-30298

発売所　　　　株式会社 交 友 社

〒113-0021　東京都文京区本駒込6-7-11
　　　　　　　電話　03-3947-1100

印刷　　　　　株式会社 精 興 社